智能科学与技术丛书

行业专用变频器的智能控制策略研究

李方园 著

科学出版社

北京

内 容 简 介

本书主要介绍行业专用变频器的一种控制策略研究，即通过人工智能的方式来获取知识，并用于特殊行业的变频控制。本书共 5 章，第 1 章为通用变频器控制策略，从异步电动机的动态模型出发介绍旋转磁场及其等效电路、坐标变换、动态模型的状态空间模型，同时对 PWM 控制、IGBT 桥式电压型逆变电路、SPWM 控制方法、电流控制型感应电动机的解析逆控制等进行了阐述。第 2～5 章，通过常见的模糊控制、神经网络、粒子群算法等方法对四种行业专用变频器，即机床主轴变频器、泵类专用变频器、造纸专用变频器和压缩机专用变频器的智能控制策略进行研究，弥补了行业应用中的通用变频器缺陷，满足了行业用户的需求。本书内容由浅入深，从基础的人工智能理论出发，通过构建可操作的、创新的模型来验证行业专用变频器的智能控制策略，为行业专用变频器的研究提供了新的思路。

本书主要面向变频器研究开发人员、变频器系统集成工程师、智能工厂规划设计人员，也可供电气自动化专业的高校学生参考使用。

图书在版编目（CIP）数据

行业专用变频器的智能控制策略研究/李方园著. —北京：科学出版社，2018

ISBN 978-7-03-056588-4

Ⅰ.①行… Ⅱ.①李… Ⅲ.①变频器－智能控制－研究 Ⅳ.①TN773

中国版本图书馆 CIP 数据核字（2018）第 035198 号

责任编辑：孙露露　常晓敏／责任校对：陶丽荣
责任印制：吕春珉／封面设计：东方人华平面设计部

科 学 出 版 社 出版
北京东黄城根北街 16 号
邮政编码：100717
http://www.sciencep.com

北京虎彩文化传播有限公司 印刷
科学出版社发行　　各地新华书店经销

*

2018 年 3 月第 一 版　　开本：787×1092　1/16
2018 年 7 月第二次印刷　　印张：11 3/4
字数：266 000
定价：79.00 元

（如有印装质量问题，我社负责调换〈虎彩〉）
销售部电话 010-62136230　编辑部电话 010-62138978-2010

前　　言

本书创新性地运用人工智能的成熟理论和技术，很好地实现了机床主轴变频器、泵类专用变频器、造纸专用变频器和压缩机专用变频器等在多个方面的理论验证和仿真，是变频器设计和应用领域的应用创新成果，符合"智能制造"的发展路径。

本书主要介绍了行业专用变频器的一种控制策略研究，即通过人工智能的方式来获取知识，并用于特殊行业的变频控制。全书共分 5 章，第 1 章介绍通用变频器控制策略，变频器通过恒压频比的控制方式，实现了良好的机械特性；以等腰三角波作为载波，输出 SPWM 波；以坐标变换的基本思路，推演了变频器的矢量控制；建构了变频器系统的 MATLAB 模型，进行可观性、可控性判断以及各种波形的仿真。第 2～5 章，通过常见的模糊控制、神经网络、粒子群算法等对四种行业专用变频器，即机床主轴变频器、泵类专用变频器、造纸专用变频器和压缩机专用变频器的控制策略进行研究，弥补了行业应用中的通用变频器缺陷，满足了行业用户的需求。例如，针对双主轴加工中心的转矩脉动现象，提出了基于 SVPWM 的直接转矩控制方法；在碱回收锅炉的汽包液位控制中，采用了模糊 PID 控制；采用 Elman 神经网络，提出了一种基于神经网络的纸机车速预测方法，对某造纸厂实际历史数据进行仿真预测；在解决变频压缩机主机故障中，把 SOM 神经网络应用在压缩机故障诊断中，并由变频器进行故障动作。

本书内容由浅入深，从基础的人工智能理论出发，通过构建可操作的、创新的模型来验证行业专用变频器的智能控制策略，为行业专用变频器研究提供了新的思路。本书的研究可运用于行业专用变频器的设计，通过知识库、模糊控制、神经网络等设计方法，对变频器的控制方式进行重新组织，并使之不断改善性能，最终提高变频器的适用性。

本书作者是浙江工商职业技术学院的教师，长期从事变频器的理论研究与教学、实践应用与推广，在机床、造纸和压缩机等行业有十余年的企业经验，又有在高校从事人工智能的研究经历，在行业专用变频器领域积累了丰富的经验，相信本书的出版对于企业技术人员和高校、科研院所的相关研究者都有一定的指导意义。

基于人工智能在近年来的快速发展，本书借鉴了部分专家学者的理论成果，在此一并表示感谢。希望本书的出版能扩大作者研究成果的受众面，也会对变频器的工艺应用和节能推广使用起到很好的推动作用。

由于作者水平有限，书中难免出现疏漏和不足之处，敬请读者批评指正。

目　　录

第 1 章　通用变频器控制策略

三相异步电动机是通用变频器的主要控制对象,其定子与转子之间通过电磁感应联系,根据转子对定子的影响不变的原则进行频率等效折算、电流等效折算,确保折算前后转子磁动势不变、各功率不变。变频器通过恒压频比的控制方式,实现良好的机械特性;以等腰三角波作为载波,输出 SPWM 波。本章以坐标变换的基本思路,推演变频器的矢量控制;建构变频器系统的 MATLAB 模型,进行可观性、可控性判断以及各种波形的仿真。

1.1　三相异步电动机的基本控制模型

1.1.1　三相异步电动机概述

在所有类型的交流电动机中,三相异步电动机在工业中是最常见的。这种电动机非常经济、耐用、可靠,其功率范围可以从几瓦一直到几百兆瓦。图 1-1 所示为三相异步电动机的外观。

图 1-1　三相异步电动机外观

按照转子绕组结构的不同,三相异步电动机可分为绕线型和笼型两种。

绕线型转子异步电动机的转子绕组和定子绕组一样,也是按一定规律分布的三相对称绕组,可以连接成丫形或△形。一般小容量电动机连接成△形,大、中容量电动机连接成丫形。转子绕组的 3 条引线分别接到 3 个滑环上,用一套电刷装置引出来,其目的是把外接的电阻或电动势串联到转子回路,用以改善电动机的调速性能及实现能量回馈等,如图 1-2 所示。

笼型转子异步电动机的转子绕组则与定子绕组大不相同,它是一个自行短路的绕组。在转子的每个槽里放置一根导体,每根导体都比转子铁芯长,在铁芯的两端用两个端环把所有的导条都短路连接,形成一个短路的绕组。如果把转子铁芯拿掉,剩下的绕

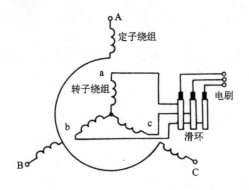

图 1-2　绕线转子异步电动机的定、转子绕组

组形状像一个松鼠笼子，如图 1-3（a）所示，因此又叫笼型转子。导条材料有用铜的，也有用铝的。如果导条用的是铜材料，就需要把事先做好的裸铜条插入转子铁芯上的槽里，再把铜端环套在两端伸出的铜条上，最后将铜条和铜端环焊接在一起。如果导条用的是铝材料，就用熔化了的铝液直接浇铸在转子铁芯的槽里，连同端环、风扇一次铸成，如图 1-3（b）所示。

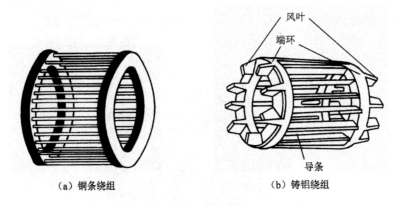

（a）铜条绕组　　　　　　　（b）铸铝绕组

图 1-3　笼型转子

1.1.2　三相异步电动机的电磁感应

三相异步电动机的定子与转子之间是通过电磁感应联系的，定子相当于变压器的一次绕组，转子相当于二次绕组。

当三相异步电动机的定子绕组接到对称三相电源时，定子绕组中就通过对称三相交流电流，三相交流电流将在气隙内形成按正弦规律分布，并以同步转速 n_1 旋转的磁动势建立主磁场，如图 1-4 所示。这个旋转磁场切割定、转子绕组，分别在定、转子绕组内感应出对称的定子电动势、转子绕组电动势和转子绕组电流。

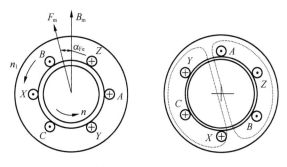

图 1-4 电磁场示意

空载时，轴上没有任何机械负载，异步电动机所产生的电磁转矩仅克服了摩擦、风阻的阻转矩，所以是很小的。电动机所受阻转矩很小，则其转速 n 接近同步转速 n_1，转子与旋转磁场的相对转速就接近于零，即 $n_1-n\approx 0$。在这样的情况下可以认为旋转磁场不切割转子绕组，则 $E_{2s}\approx 0$（"s"下标表示转子电动势的频率，与定子电动势的频率不同），$I_{2s}\approx 0$。由此可见，异步电动机空载运行时定子上的合成磁动势 F_1 即是空载磁动势 F_{10}，则建立气隙磁场 B_m 的励磁磁动势 F_{m0} 就是 F_{10}，即 $F_{m0}=F_{10}$，产生的磁通为 Φ_{m0}。

励磁磁动势产生的磁通绝大部分同时与定子绕组交链，称为主磁通。主磁通参与能量转换，在电动机中产生有用的电磁转矩。主磁通的磁路由定转子铁芯和气隙组成，它受磁路饱和的影响，为非线性磁路。此外，有一小部分磁通仅与定子绕组相交链，称为定子漏磁通。漏磁通不参与能量转换并且主要通过空气闭合，受磁路饱和的影响较小，在一定条件下漏磁通的磁路可以看作线性磁路。

图 1-5 所示为异步电动机的定子、转子电路。为了方便分析定子、转子的各个物理量，其下标为"1"者是定子侧，"2"者为转子侧。

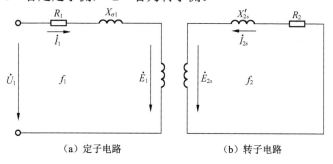

（a）定子电路 （b）转子电路

图 1-5 异步电动机的定、转子电路

1.1.3 三相异步电动机的等效电路

异步电动机定、转子之间没有电路上的联系，只有磁路上的联系，不便于实际工作的计算。为了能将转子电路与定子电路作直接的电的连接，要进行电路等效。等效要在不改变定子绕组的物理量（定子的电动势、电流及功率因数等），而且在转子对定子的影响不变的原则下进行，即将转子电路折算到定子侧，同时要保持折算前后转子磁动势不变，以保证磁动势平衡不变和折算前后各功率不变。

在图 1-5 中，将频率为 f_2 的旋转转子电路折算为与定子频率 f_1 相同的等效静止转子电路，称为频率折算。转子静止不动时，转差率 $s=1$，$f_2=f_1$。因此，只要将实际上转动的转子电路折算为静止不动的等效转子电路，便可达到频率折算的目的。

电势的折算：

$$E_{2s} = sE_2 \tag{1-1}$$

实际运行的转子电流折算：

$$I_{2s} = \frac{E_{2s}}{\sqrt{R_2^2 + (sX_{2\sigma})^2}} = \frac{sE_2}{\sqrt{R_2^2 + (sX_{2\sigma})^2}} = \frac{E_2}{\sqrt{(R_2/s)^2 + X_{2\sigma s}^2}} = I_2 \tag{1-2}$$

推导出

$$\frac{R_2}{s} = r_2 + \frac{1-s}{s}R_2 \tag{1-3}$$

从式（1-3）可以看出，附加电阻 $\frac{1-s}{s}R_2$ 的物理意义在于模拟电动机转轴上总的机械功率。由于频率折算前后转子电流的数值未变，所以磁动势的大小不变。同时磁动势的转速是同步转速，与转子转速无关，所以频率折算保证了电磁效应的不变。频率折算后的电路如图 1-6 所示（转子折算值上均加 "′" 表示）。

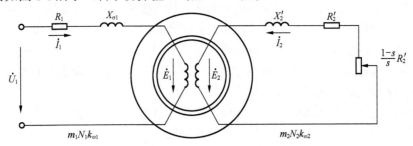

图 1-6 转子绕组频率折算后的异步电动机的定、转子电路

进行频率折算以后，虽然已将旋转的异步电动机转子电路转换为等效的静止电路，但还不能把定、转子电路连接起来，因为两个电路的电动势还不相等。和变压器的绕组折算一样，异步电动机绕组折算也就是人为地用一个相数、每相串联匝数以及绕组系数和定子绕组一样的绕组，代替相数为 m_2、每相串联匝数为 N_2 以及绕组系数为经过频率折算的转子绕组。但仍然要保证折算前后转子对定子的电磁效应不变，即转子的磁动势、转子总的视在功率、铜耗及转子漏磁场储能均保持不变。

（1）电流折算

$$I_2 m_2 N_2 k_{\omega 2} = I_2' m_1 N_1 k_{\omega 1}$$

$$I_2' = \frac{m_2 N_2 k_{\omega 2}}{m_1 N_1 k_{\omega 1}} I_2 = \frac{I_2}{k_i}$$

$$\dot{I}_1 + \dot{I}_2' = \dot{I}_0$$

（2）电势折算

$$E_2' = \frac{N_1 k_{\omega 1}}{N_2 k_{\omega 2}} E_2 = k_e E_2$$

（3）阻抗折算

$$m_2 I_2^2 R_2 = m_1 I_2'^{\,2} R_2'$$

$$R_2' = \frac{N_1 k_{\omega 1}}{N_2 k_{\omega 2}} \frac{m_1 N_1 k_{\omega 1}}{m_2 N_2 k_{\omega 2}} R_2 = k_e k_i R_2$$

$$x_{2\sigma}' = k_e k_i x_{2\sigma}$$

根据折算前后各物理量的关系，可以做出折算后的 T 形等效电路，如图 1-7 所示。

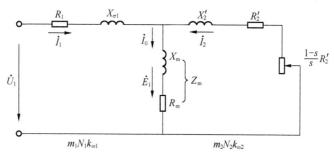

图 1-7　三相异步电动机的 T 形等效电路

1.1.4　三相异步电动机的变频控制

交流变频调速技术是目前三相异步电动机最成熟、最先进的调速方式。变频器既要处理巨大电能的转换（整流、逆变），又要处理信息的收集、变换和传输，因此它的共性技术必定分成功率转换和弱电控制两大部分。功率转换要解决与高压大电流有关的技术问题和新型电力电子器件的应用技术问题，弱电控制要解决基于现代控制理论的控制策略和智能控制策略的硬件、软件开发问题，目前主流的变频器都是采用全数字控制技术。

通用变频器的基本构造如图 1-8 所示。

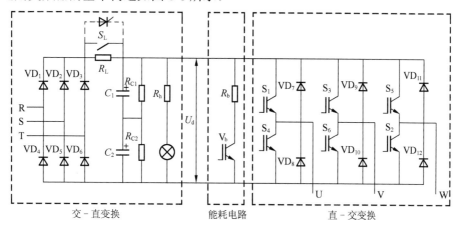

图 1-8　通用变频器的基本构造

1. 主回路的构成

通用变频器的主回路包括整流部分、直流环节、逆变部分、制动或回馈环节等部分。

1）整流部分：通常又被称为电网侧变流部分，是把三相或单相交流电整流成直流电。常见的低压整流部分是由二极管构成的不可控三相桥式电路或由晶闸管构成的三相可控桥式电路。

2）直流环节：由于逆变器的负载是异步电动机，属于感性负载，所以在中间直流部分与电动机之间总会有无功功率的交换，这种无功功率的交换一般都需要中间直流环节的储能元件（如电容或电感）来缓冲。

3）逆变部分：通常又被称为负载侧变流部分，它通过不同的拓扑结构实现逆变元件的规律性关断和导通，从而得到任意频率的三相交流电输出。常见的逆变部分是由六个半导体主开关器件组成的三相桥式逆变电路。其半导体器件一般采用 IGBT 来作用，如图 1-9 所示。IGBT 是 GTR 与 MOSFET 组成的达林顿结构，即一个由 MOSFET 驱动的厚基区 PNP 晶体管，R_N 为晶体管基区内的调制电阻。IGBT 的驱动原理与电力 MOSFET 基本相同，是一个场控器件，通断由栅射极电压 u_{GE} 决定。

导通：u_{GE} 大于开启电压 $U_{GE}(th)$ 时，MOSFET 内形成沟道，为晶体管提供基极电流，IGBT 导通。

导通压降：电导调制效应使电阻 R_N 减小，使通态压降小。

关断：栅射极间施加反压或不加信号时，MOSFET 内的沟道消失，晶体管的基极电流被切断，IGBT 关断。

优点：高输入阻抗；电压控制、驱动功率小；开关频率高；饱和压降低；电压、电流容量较大，安全工作频率宽。

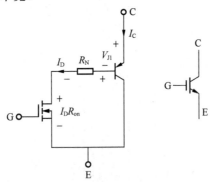

图 1-9　IGBT 原理

4）制动或回馈环节：由于制动形成的再生能量在电动机侧容易聚集到变频器的直流环节，形成直流母线电压的泵升，因此需及时通过制动环节将能量以热能形式释放或者通过回馈环节转换到交流电网中去。

制动环节在不同的变频器中有不同的实现方式，通常小功率变频器都内置制动环节，即内置制动单元，有时还内置短时工作制的标配制动电阻；中功率段的变频器可以内置制动环节，但属于标配或选配（需根据不同品牌变频器的选型手册而定）；大功率段的变频器其制动环节大多为外置。而回馈环节，则大多属于变频器的外置回路。

2. 控制回路

控制回路包括变频器的核心软件算法电路、检测传感电路、控制信号的输入输出电路、驱动电路和保护电路。现在以某通用变频器为例介绍控制回路。如图 1-10 所示，通用变频器控制回路包括以下几部分。

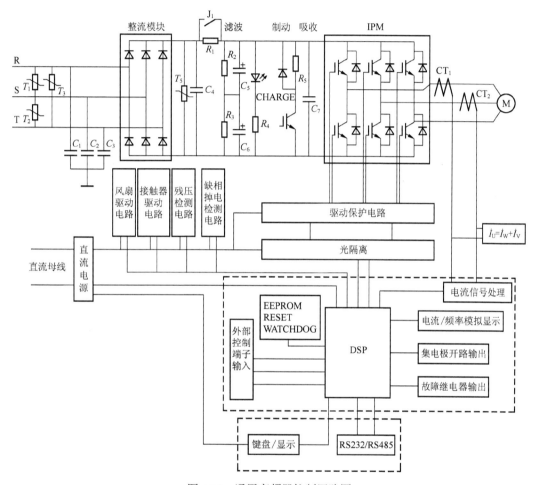

图 1-10　通用变频器控制回路图

（1）直流电源

变频器的辅助电源采用直流电源，具有体积小、效率高等优点。电源输入为变频器主回路直流母线电压或将交流 380V 整流，通过脉冲变压器的隔离变换和变压器副边的整流滤波可得到多路输出直流电压，其中+15V、−15V、+5V 共地，±15V 给电流传感器、运算放大器等模拟电路供电，+5V 给 DSP 及外围数字电路供电；相互隔离的四组或六组+15V 电源给 IPM 驱动电路供电；+24V 为继电器、直流风机供电。

（2）DSP（数字信号处理器）

变频器采用的 DSP 通常为 TI 公司的产品，如 TMS320F240 系列等。它主要完成电流、电压、温度采样，六路 PWM 输出，各种故障报警输入，电流、电压、频率设定信号输入，以及电动机控制算法的运算等功能。

（3）输入输出端子

变频器控制电路输入输出端子包括：输入多功能选择端子、正反转端子、复位端子等；继电器输出端子、开路集电极输出多功能端子等；模拟量输入端子，包括外接模拟量信号用的电源（12V、10V 或 5V）及模拟电压量频率设定输入和模拟电流量频率设定输入；模拟量输出端子，包括输出频率模拟量和输出电流模拟量等，用户可以选择 0/4～20mA 直流电流表或 0～10V 的直流电压表，显示输出频率和输出电流，也可以通过功能码参数选择输出信号。

（4）SCI 口

TMS320F240 支持标准的异步串口通信，通信波特率可达 625kb/s。具有多机通信功能，通过一台上位机可实现多台变频器的远程控制和运行状态监视功能。

（5）操作面板部分

DSP 可通过 SPI 口，与操作面板相连，完成按键信号的输入、显示数据输出等功能。

3. 恒压频比控制下的机械特性

通用变频器一般采用恒压频比控制，由变频器带动异步电动机带载稳态运行时，转矩输出为

$$T_l = 3n_p \left(\frac{U_1}{\omega_1} \right)^2 \frac{s\omega_1 R_2'}{\left(sR_1 + R_2' \right)^2 + s^2 \omega_1^2 \left(L_1 + L_2' \right)^2} \tag{1-4}$$

式（1-4）表明，对于同一负载要求，即以一定的转速 n_A 在一定的负载转矩 T_{LA} 下运行时，电压和频率可以有多种组合，其中恒压频比（$U_1 / \omega_1 =$ 恒值）是最容易实现的，它的变频机械特性基本上是平行下移，硬度也较好，能满足一般的调速要求，但是低速带载能力还较差，需对定子压降实行补偿。图 1-11 中虚线为补偿定子压降后的机械特性。

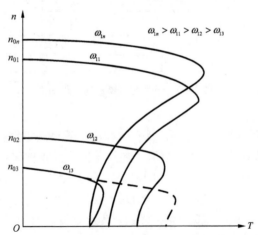

图 1-11　恒压频比变频调速的机械特性

为了近似地保持气隙磁通不变，以便充分利用电动机铁芯，发挥电动机产生转矩的能力，如图 1-12 所示，在基频以下采用恒压频比控制，实行恒压频比控制时，同步转速自然也随着频率变化，其公式为

$$n_0 = \frac{60\omega_1}{2\pi n_p} \qquad (1-5)$$

因此带负载时的转速降落为

$$\Delta n = sn_0 = \frac{60}{2\pi n_p} s\omega_1 \qquad (1-6)$$

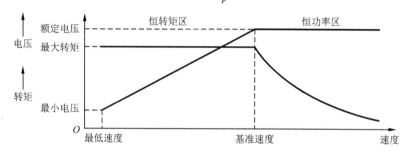

图 1-12　变频器的转矩-速度、电压-速度特性

在机械特性近似直线段上，可以导出

$$s\omega_1 \approx \frac{R_2' T_e}{3n_p \left(\dfrac{U_1}{\omega_1}\right)^2} \qquad (1-7)$$

由此可见，当 U_1 / ω_1 为恒值时，对同一转矩 T，$s\omega_1$ 是基本不变的，因而 Δn 也是基本不变的，和其他直流他励电动机调速时的特性变化情况近似，所不同的是，当转矩达到最大值以后，转速再降低，特性就折回来了，而且频率越低转矩越小，如图 1-13 所示。

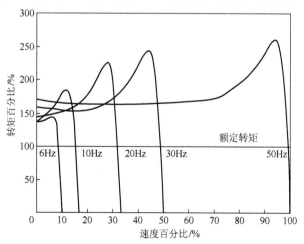

图 1-13　变频器的负载机械特性

对式（1-4）整理可得出 U_1 / ω_1 为恒值时最大转矩 T_{emax} 与角频率 ω_1 的关系为

$$T_{\mathrm{emax}} = \frac{3}{2} n_p \left(\frac{U_1}{\omega_1} \right)^2 \frac{1}{\dfrac{R_1}{\omega_1} + \sqrt{\left(\dfrac{R_1}{\omega_1} \right)^2 + \left(L_1 + L_2' \right)^2}} \tag{1-8}$$

可见，T_{emax} 是随着 ω_1 的降低而减小的，频率很低时，T_{emax} 太小将限制调速系统的带载能力，采用定子压降补偿，适当提高电压 U_1 可以增强带载能力，如将图 1-14 所示的原恒压频比曲线 1（虚线所示）适当提高电压 V_0 后变成新压频比曲线 2（实线所示）。

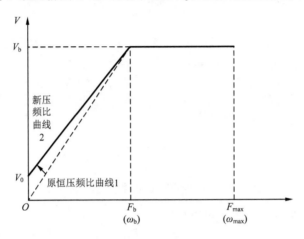

图 1-14　定子压降补偿

1.2　IGBT 桥式逆变电路的变频 PWM 控制

1.2.1　PWM 控制概述

图 1-15 所示是三种冲量相等而形状不同的窄脉冲，其中，冲量定义的窄脉冲的面积，将这三种冲量加在具有惯性的环节上时，惯性环节的输出响应波形基本相同。

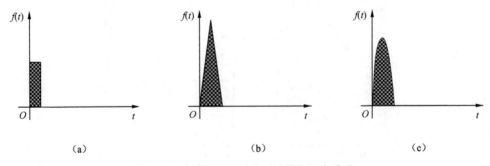

（a）　　　　　　　　　　（b）　　　　　　　　　　（c）

图 1-15　冲量相同而形状不同的各种窄脉冲

在各种窄脉冲中，PWM（pulse width modulation，脉宽调制）脉冲是其中一种容易实现的方式，即通过对一系列脉冲的宽度进行调制来等效地获得所需要的波形（含形状和幅值)。

　　由于期望变频器逆变输出是一个正弦电压波形,就可以先把一个正弦半波分作 N 等份,如图 1-16(a)所示,然后把每一等分的正弦曲线与横轴所包围的面积都用与此面积相等的等高矩形脉冲来代替,矩形脉冲的中点与正弦波每一等分的中点重合,如图 1-16(b)所示。这样,由 N 个等幅不等宽的矩形脉冲所组成的波形为正弦的半周等效。同样,正弦波的负半周也可用相同的方法来等效。这一系列脉冲波形就是所期望的变频器逆变输出 SPWM(sinusoidal PWM,正弦波脉宽调制)波形。

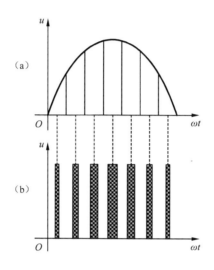

图 1-16　用 PWM 波代替正弦半波

　　由于各脉冲的幅值相等,所以变频器逆变回路可由恒定的直流电源供电。也就是说,这种交—直—交变频器中的整流回路采用不可控的二极管整流器即可。逆变器输出脉冲的幅值就是整流器的输出电压。当逆变器各开关器件都是在理想状态下工作时,驱动相应开关器件的信号也应为与形状相似的一系列脉冲波形。

　　从理论上讲,这一系列脉冲波形的宽度可以严格地用计算方法求得,作为控制逆变器中各开关器件通断的依据。但较为实用的办法是引用通信技术中的"调制"这一概念,以所期望的波形(在这里是正弦波)作为调制波(modulation wave),而受它调制的信号称为载波(carrier wave)。

　　如图 1-17 所示,在 SPWM 中常用等腰三角波作为载波,因为等腰三角波是上下宽线性对称变化的波形,当它与任何一个光滑的曲线相交时,在交点的时刻控制开关器件的通断,即可得到一组等幅而脉冲宽度正比于该曲线函数值的矩形脉冲,这正是 SPWM 所需要的结果。从理论上讲,这一系列脉冲波形的宽度可以严格地用计算方法求得,作为控制逆变器中各开关器件通断的依据。

　　调制度 m 定义为调制信号峰值 U_{1m} 与三角载波信号峰值 $U_{\Delta m}$ 之比,即

$$m = U_{1m} / U_{\Delta m} \tag{1-9}$$

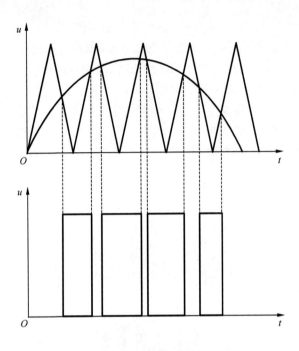

图 1-17 等腰三角波作为载波的调制

理想情况下，m 值可在 $0 \sim 1$ 之间变化，以调节变换器输出电压的大小。实际上，m 总是小于 1，在 N 较大时，一般取 $m=0.8 \sim 0.9$，它体现了直流电压的利用率。

1.2.2　IGBT 桥式电压型逆变电路

图 1-18 所示为 IGBT 单相桥式电压型 PWM 逆变电路，可以采用等腰三角波作为载波进行调制，分为单极性 PWM 控制方式和双极性 PWM 控制方式两种。

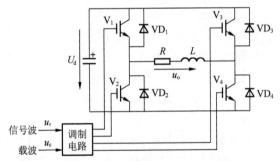

图 1-18　单相桥式 PWM 逆变电路

1）单极性 PWM 控制方式：在 u_r 和 u_c 的交点时刻控制 IGBT 的通断。图 1-19 所示为单极性 PWM 控制方式波形。u_r 正半周，V_1 保持通，V_2 保持断。当 $u_r > u_c$ 时，使 V_4 通，V_3 断，$u_0 = U_d$。当 $u_r < u_c$ 时，使 V_4 断，V_3 通，$u_0 = 0$。u_r 负半周，情况恰好相反。

2）双极性 PWM 控制方式：同样在调制信号 u_r 和载波信号 u_c 的交点时刻控制器件

的通断。u_r 正、负半周，对各开关器件的控制规律相同。当 $u_r > u_c$ 时，给 V_1 和 V_4 导通信号，V_2 和 V_3 关断信号。如 $i_o > 0$，V_1 和 V_4 通；如 $i_o < 0$，VD_1 和 VD_4 通，$u_o = U_d$。

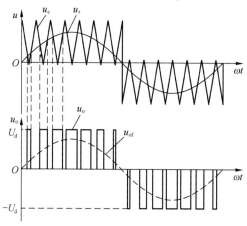

图 1-19　单极性 PWM 控制方式波形

当 $u_r < u_c$ 时，给 V_2 和 V_3 导通信号，给 V_1 和 V_4 关断信号。如 $i_o < 0$，V_2 和 V_3 通；如 $i_o > 0$，VD_2 和 VD_3 通，$u_o = -U_d$。图 1-20 所示为双极性 PWM 控制方式波形。

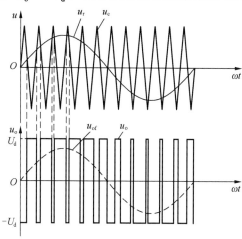

图 1-20　双极性 PWM 控制方式波形

图 1-21 所示为 IGBT 三相桥式电压型 PWM 逆变电路，三相的 PWM 控制采用公用三角波载波 u_c，三相的调制信号 u_{rU}、u_{rV} 和 u_{rW} 依次相差 $120°$。

这里以 U 相的控制规律为例说明如下：

当 $u_{rU} > u_c$ 时，给 V_1 导通信号，给 V_4 关断信号，$u_{UN'} = \dfrac{U_d}{2}$；

当 $u_{rU} < u_c$ 时，给 V_4 导通信号，给 V_1 关断信号，$u_{UN'} = -\dfrac{U_d}{2}$；

当给 $V_1(V_4)$ 加导通信号时，可能是 $V_1(V_4)$ 导通，也可能是 $VD_1(VD_4)$ 导通。

由上可以得出，$u_{UN'}$、$u_{VN'}$ 和 $u_{WN'}$ 的 PWM 波形只有 $\pm U_d / 2$ 两种电平。u_{UV} 波形可

由 $u_{UN'} - u_{VN'}$ 得出，当 V_1 和 V_6 通时，$u_{UN} = U_d$；当 V_3 和 V_4 通时，$u_{UN} = -U_d$；当 V_1 和 V_3 或 V_4 和 V_6 通时，$u_{UV} = 0$。

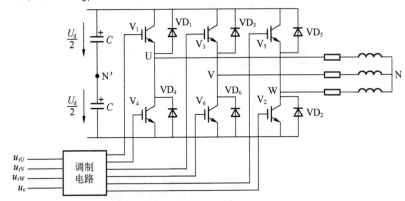

图 1-21　三相桥式 PWM 逆变电路

因此，输出线电压 PWM 波由 $\pm U_d$ 和 0 三种电平构成，而负载相电压 PWM 波由 $\left(\pm\dfrac{2}{3}\right)U_d$、$\left(\pm\dfrac{1}{3}\right)U_d$ 和 0 共 5 种电平组成（图 1-22）。

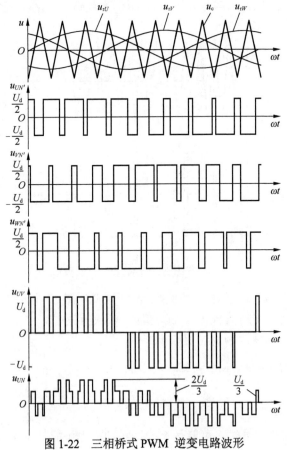

图 1-22　三相桥式 PWM 逆变电路波形

在三相 IGBT 逆变输出中，同一相上下两臂的驱动信号互补，为防止上下臂直通而造成短路，需要留一小段上下臂都施加关断信号的死区时间。死区时间的长短主要由开关器件的关断时间决定，死区时间会给输出的 PWM 波带来影响，使其稍微偏离正弦波。

1.2.3　SPWM 控制方法

采用高开关频率的全控型电力电子器件组成变频器的逆变电路时，先假定器件的开与关均无延时，于是可将要求变频器输出三相 SPWM 波的问题转化为如何获得与其形状相同的三相 SPWM 控制信号的问题，用这些信号作为逆变器中各电力电子器件的基极（或栅极）驱动型号。

图 1-23 是 SPWM 变压变频器的模拟控制框图。三相对称的参考正弦电压调制信号 U_{rA}、U_{rB}、U_{rC} 由变频器主板 DSP 的参考信号发送器提供，其频率和幅值都可调，三角载波信号由 U_t 三角波发送器提供，各相共用，它分别与每一相调制信号进行比较，产生 SPWM 脉冲波序列 U_A、U_B、U_C。

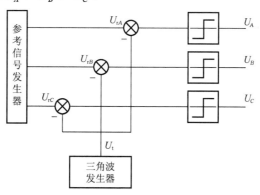

图 1-23　SPWM 变压变频器的模拟控制框图

1.3　变频器的矢量控制

1.3.1　矢量控制系统原理

在变频器驱动异步电动机的模型中，异步电动机经过坐标变换可以等效成直流电动机，然后模仿直流电动机的控制策略，得到直流电动机的控制量，再经过相应的坐标反变换，就能够控制异步电动机。由于进行坐标变换的是电流（代表磁动势）的空间矢量，所以这样通过坐标变换实现的控制系统就称为矢量控制系统（又称 VC 系统），其原理结构如图 1-24 所示。

图 1-24 中的给定信号和反馈信号经过类似于直流调速系统所用的控制器，产生励磁电流的给定信号 i_m^* 和电枢电流的给定信号 i_t^*，经过反旋转变换 VR^{-1} 得到 i_α^* 和 i_β^*，再经过 3/2 变换得到 i_A^*、i_B^* 和 i_C^*。把这三个电流控制信号和由控制器得到的频率信号 ω_1 加到电流控制的变频器上，所输出的是异步电动机变频调速所需的三相电流。

在变频器矢量控制时，如果忽略变频器可能产生的滞后，并认为在控制器后面的反旋转变换器 VR^{-1} 与电动机内部的旋转变换环节 VR 相抵消，2/3 变换器与电动机内部的 3/2 变换环节相抵消，则图 1-24 中虚线框内的部分可以删去，剩下的就是直流调速系统了。可以想象，这样的矢量控制交流变压变频调速系统在静、动态性能上完全能够媲美直流调速系统。

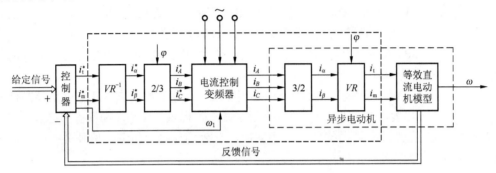

图 1-24 矢量控制系统原理结构图

1.3.2 坐标变换的基本思路

坐标变换的目的是将交流电动机的物理模型变换成类似直流电动机的模式，这样变换后，分析和控制交流电动机就可以大大简化。以产生同样的旋转磁动势为准则，在三相坐标系上的定子交流电流 i_A、i_B、i_C，通过三相-两相变换可以等效成两相静止坐标系上的交流电流 i_α 和 i_β，再通过同步旋转变换，可以等效成同步旋转坐标系上的直流电流 i_d 和 i_q。如果观察者站到铁芯上与坐标系一起旋转，所看到的就好像是一台直流电动机。

把上述等效关系用结构图的形式画出来，得到图 1-25。从整体上看，输入为 A、B、C 三相电压，输出为转速 ω，是一台异步电动机。从结构图内部看，经过 3/2 变换和按转子磁链定向的同步旋转变换，便得到一台由 i_m 和 i_t 输入，ω 输出的直流电动机。

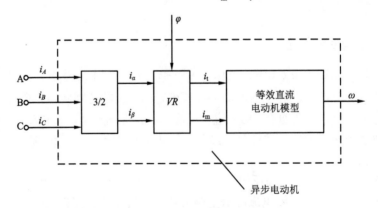

图 1-25 异步电动机的坐标变换结构图

1. 三相-两相坐标系变换（3/2 变换）

图 1-26 为交流电动机坐标系等效变换图。图中的 A_p、B_p、C_p 坐标轴分别代表电动机参量分解的三相坐标系。而 α、β 则表示电动机参量分解的静止两相坐标系。每一个坐标轴上的磁动势分量，可以通过在此坐标轴的电流 i 与电动机在此轴上的匝数 N 的乘积来表示。

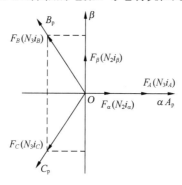

图 1-26　坐标变换图

假定 A 轴与 α 轴重合，三相坐标系上电动机每相绕组有效匝数是 N_3，两相坐标系上电动机绕组每相有效匝数为 N_2，在三相定子绕组中，通入正弦电流，则磁动势波形为正弦分布，因此，当三相总安匝数与两相总安匝数相等时，两相绕组瞬时安匝数在 α, β 轴上投影应该相等。

$$N_2 i_\alpha = N_3 i_A - N_3 i_B \cos 60^\circ - N_3 i_C \cos 60^\circ = N_3 \left(i_A - \frac{1}{2} i_B - \frac{1}{2} i_C \right) \tag{1-10}$$

$$N_2 i_\beta = N_3 i_B \sin 60^\circ - N_3 i_C \sin 60^\circ = \frac{\sqrt{3}}{2} N_3 (i_B - i_C) \tag{1-11}$$

为了保持坐标变换前后的总功率，即应该保持变换前后有效绕组在气隙中的磁通相等，即

$$B_3 = B_2 \tag{1-12}$$

设三相绕组磁通公式：

$$B_3 = KN_3 [\cos\theta(i_A - 1/2i_B - 1/2i_C) + \sin\theta(\sqrt{3}/22i_B - \sqrt{3}/2i_C)] \tag{1-13}$$

两相绕组磁通公式：

$$B_2 = KN_2 (\cos\theta i_\alpha^* + \sin i_\beta^*) \tag{1-14}$$

式（1-13）与式（1-14）中 K 为固定比例参数，通过增入一个分量，可以写成矩阵形式为

$$\begin{bmatrix} i_\alpha \\ i_\beta \\ i_O \end{bmatrix} = \frac{N_3}{N_2} \begin{bmatrix} 1 & -\dfrac{1}{2} & -\dfrac{1}{2} \\ 0 & \dfrac{\sqrt{3}}{2} & \dfrac{\sqrt{3}}{2} \\ x & x & x \end{bmatrix} \begin{bmatrix} i_A \\ i_B \\ i_C \end{bmatrix} \tag{1-15}$$

将式（1-13）与式（1-14）写成矩阵形式并对其规格化得到下面方程：

$$\left(\frac{N_3}{N_2}\right)^2\left[(1)+\left(-\frac{1}{2}\right)^2+\left(-\frac{1}{2}\right)^2\right]=1 \tag{1-16}$$

由式（1-16）解得，三相到两相的匝数比应该为

$$\frac{N_3}{N_2}=\sqrt{\frac{2}{3}} \tag{1-17}$$

因此，可以得到下面的矩阵形式：

$$\begin{bmatrix}i_\alpha\\i_\beta\end{bmatrix}=\frac{2}{\sqrt{3}}\begin{bmatrix}1 & -\frac{1}{2} & -\frac{1}{2}\\0 & \frac{\sqrt{3}}{2} & -\frac{\sqrt{3}}{2}\end{bmatrix}\begin{bmatrix}i_A\\i_B\\i_C\end{bmatrix} \tag{1-18}$$

当电动机使用丫形接法时，有等式：

$$i_A+i_B+i_C=0 \tag{1-19}$$

则上面的变换矩阵可以写成下面的形式：

$$\begin{bmatrix}i_\alpha\\i_\beta\end{bmatrix}=\begin{bmatrix}\sqrt{\frac{3}{2}} & 0\\\sqrt{\frac{1}{2}} & \sqrt{2}\end{bmatrix}\begin{bmatrix}i_A\\i_B\end{bmatrix} \tag{1-20}$$

同时，可以得到从两相到三相的变换矩阵，即为上面矩阵的逆变换：

$$\begin{bmatrix}i_A\\i_B\end{bmatrix}=\begin{bmatrix}\sqrt{\frac{3}{2}} & 0\\-\sqrt{\frac{1}{6}} & \sqrt{2}\end{bmatrix}\begin{bmatrix}i_\alpha\\i_\beta\end{bmatrix} \tag{1-21}$$

从原理上分析，上面的变换公式具有普遍性，同样可以应用于电压或者其他参量的变换中。

2. 旋转变换（2s/2r 变换）

图 1-27 表示了从两相静止坐标系到两相旋转坐标系 d-q 的电动机相电流变换。此变换简称 2s/2r 变换。其中 s 表示静止，r 表示旋转。从图中可以看出，假定固定坐标系的两相垂直电流与旋转坐标系的两相垂直电流产生等效的、以同步转速旋转的合成磁动势，由于变换坐标变换前后各个绕组的匝数相等，能量恒定，所以变换前后的系数相等。当合成磁动势在空间旋转，分量的大小保持不变，相当于在 d-q 坐标轴上绕组的电流是直流，α 轴与 d 轴的夹角 θ 随时间而变化。

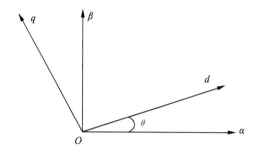

图 1-27　旋转坐标变换图

从图 1-27 可以得到：

$$\begin{bmatrix} i_\alpha \\ i_\beta \end{bmatrix} = \begin{bmatrix} \cos\theta & -\sin\theta \\ \sin\theta & \cos\theta \end{bmatrix} \begin{bmatrix} i_d \\ i_q \end{bmatrix} = \boldsymbol{C}_{2r/2s} \begin{bmatrix} i_d \\ i_q \end{bmatrix} \qquad （1\text{-}22）$$

其中，$\boldsymbol{C}_{2r/2s}$ 为 2s/2r 变换矩阵。

同理，经过坐标逆变换，也可以得到从两相静止坐标系变换到旋转坐标系的变换矩阵：

$$\begin{bmatrix} i_d \\ i_q \end{bmatrix} = \begin{bmatrix} \cos\theta & \sin\theta \\ -\sin\theta & \cos\theta \end{bmatrix} \begin{bmatrix} i_\alpha \\ i_\beta \end{bmatrix} = \boldsymbol{C}_{2s/2r} \begin{bmatrix} i_\alpha \\ i_\beta \end{bmatrix} \qquad （1\text{-}23）$$

从电动机的坐标系变换中，可以看出，经过 3/2 变换以及旋转变换，可以将三相绕组电流等效在空间任意角度坐标系上。同理，对于任何电参数，都可以通过等效变换，将其变换在空间任意角度的坐标系上。如果将上面推导的电动机数学模型中的电压矩阵经过旋转变换，同样可以将电动机各个参量等效在空间任意位置的坐标系中。因此，当选择与转子磁场固联的坐标系时，可以大大简化电动机数学模型，便于电动机解耦控制。在当前电动机控制系统中广泛应用的广义旋转变换电压变换矩阵为

$$\begin{bmatrix} V_d \\ V_q \\ V_O \end{bmatrix} = \sqrt{\frac{2}{3}} \begin{bmatrix} \cos\theta & \cos\left(\theta - \dfrac{2}{3}\pi\right) & \cos\left(\theta + \dfrac{2}{3}\pi\right) \\ -\sin\theta & -\sin\left(\theta - \dfrac{2}{3}\pi\right) & -\sin\left(\theta + \dfrac{2}{3}\pi\right) \\ \dfrac{1}{\sqrt{2}} & \dfrac{1}{\sqrt{2}} & \dfrac{1}{\sqrt{2}} \end{bmatrix} \begin{bmatrix} V_A \\ V_B \\ V_C \end{bmatrix} \qquad （1\text{-}24）$$

式（1-24）所示变换矩阵的系数是经过规格化的。在不同控制方式中可将其等效在电动机转子上，还可等效在旋转磁场上，也可以等效于一个变量上，如电流、电压或者磁通等。不同的坐标等效导致了不同的坐标系和不同的控制方法。当角度为零时，就是上述的 3/2 变换，即为 α、β 坐标上的模型，当坐标于转子轴上时，对异步电动机来说：$\theta = \omega t$。

1.3.3　异步电动机在 α、β 坐标系上的数学模型

对于异步电动机定子侧的电磁量的下角标用 s 表示，转子侧的电磁量的下角标用 r

表示，气隙电磁量的下角标则用 m 表示，电压矩阵方程为

$$
\begin{bmatrix} u_{s\alpha} \\ u_{s\beta} \\ u_{r\alpha} \\ u_{r\beta} \end{bmatrix} = \begin{bmatrix} R_s + L_s & p & L_m p & 0 \\ 0 & R_s + L_s p & 0 & L_m p \\ L_m p & \omega L_m & R_r + L_r p & \omega L_r \\ -\omega L_m & L_m p & -\omega L_r & R_r + L_r p \end{bmatrix} \begin{bmatrix} i_{s\alpha} \\ i_{s\beta} \\ i_{r\alpha} \\ i_{r\beta} \end{bmatrix}
\tag{1-25}
$$

磁链方程为

$$
\begin{bmatrix} \psi_{s\alpha} \\ \psi_{s\beta} \\ \psi_{r\alpha} \\ \psi_{r\beta} \end{bmatrix} = \begin{bmatrix} L_s & 0 & L_m & 0 \\ 0 & L_s & 0 & L_m \\ L_m & 0 & L_r & 0 \\ 0 & L_m & 0 & L_r \end{bmatrix} \begin{bmatrix} i_{s\alpha} \\ i_{s\beta} \\ i_{r\alpha} \\ i_{r\beta} \end{bmatrix}
\tag{1-26}
$$

电磁转矩为

$$
T_e = n_p L_m (i_{s\beta} i_{r\alpha} - i_{s\alpha} i_{r\beta})
\tag{1-27}
$$

1. 异步电动机在两相旋转坐标上的数学模型

因为 ψ_2 定义方向为 d 轴，所以 $\psi_2 = \psi_{d2}$，$\psi_{q2} = 0$ 通过变换，异步电动机在 $d\text{-}q$ 坐标系下数学模型的电压方程为

$$
\begin{bmatrix} u_{sd} \\ u_{sq} \\ u_{rd} \\ u_{rq} \end{bmatrix} = \begin{bmatrix} R_s + L_s p & -\omega_1 L_s & L_m p & -\omega_1 L_m \\ \omega_1 L_s & R_s + L_s p & \omega_1 L_m & L_m p \\ L_m p & 0 & R_r + L_r p & 0 \\ \omega_s L_m & 0 & \omega_s L_r & 0 \end{bmatrix} \begin{bmatrix} i_{sd} \\ i_{sq} \\ i_{rd} \\ i_{rq} \end{bmatrix}
\tag{1-28}
$$

磁链方程为

$$
\begin{bmatrix} \psi_{sd} \\ \psi_{sq} \\ \psi_{rd} \\ \psi_{rq} \end{bmatrix} = \begin{bmatrix} L_s & 0 & L_m & 0 \\ 0 & L_s & 0 & L_m \\ L_m & 0 & L_r & 0 \\ 0 & L_m & 0 & L_r \end{bmatrix} \begin{bmatrix} i_{sd} \\ i_{sq} \\ i_{rd} \\ i_{rq} \end{bmatrix}
\tag{1-29}
$$

电磁转矩为

$$
T_e = n_p L_m (i_{sd} i_{rq} - i_{sq} i_{rd})
\tag{1-30}
$$

2. 转子磁链计算

在转子磁链定向的矢量控制系统中，关键算法是准确定向 ψ_r。也就是说，需要获得转子磁链矢量的空间位置。根据转子磁链的实际值进行控制的方法，称作直接定向。

转子磁链的直接检测比较困难，现在实用的系统中多采用按模型计算的方法，即利用容易测得的电压、电流或转速等信号，借助于转子磁链模型，实时计算磁链的幅值与空间位置。转子磁链模型可以从电动机数学模型中推导出来，也可以利用专题观测器或状态估计理论得到闭环的观测模型。在计算模型中，由于主要实测信号的不同，又分为电流模型和电压模型两种。

（1）在 $\alpha\text{-}\beta$ 坐标系上计算转子磁链的电流模型

由实测的三相定子电流通过 3/2 变换得到静止两相正交坐标系上的电流 $i_{s\alpha}$ 和 $i_{s\beta}$，再利用 $\alpha\text{-}\beta$ 坐标系中的数学模型公式计算转子磁链在 α、β 轴上的分量

$$\begin{cases} \dfrac{\mathrm{d}\psi_{r\alpha}}{\mathrm{d}t} = \dfrac{1}{T_r}\psi_{r\alpha} - \omega\psi_{r\beta} + \dfrac{L_m}{T_r}i_{s\alpha} \\[3mm] \dfrac{\mathrm{d}\psi_{r\beta}}{\mathrm{d}t} = -\dfrac{1}{T_r}\psi_{r\beta} + \omega\psi_{r\alpha} + \dfrac{L_m}{T_r}i_{s\beta} \end{cases} \tag{1-31}$$

也可表述为

$$\begin{cases} \psi_{r\alpha} = \dfrac{1}{T_r s+1}(L_m i_{s\alpha} - \omega T_r \psi_{r\beta}) \\[3mm] \psi_{r\beta} = -\dfrac{1}{T_r s+1}(L_m i_{s\beta} + \omega T_r \psi_{r\alpha}) \end{cases} \tag{1-32}$$

然后，如图 1-28 所示，采用直角坐标-极坐标变换，就可得到转子磁链矢量的幅值 ψ_r 和空间位置 φ。考虑矢量变换中实际使用的是 φ 的正弦和余弦函数，故可以采用变换式：

$$\psi_r = \sqrt{\psi_{r\alpha}^2 + \psi_{r\beta}^2} \tag{1-33}$$

$$\sin\varphi = \frac{\psi_{r\beta}}{\psi_r} \tag{1-34}$$

$$\cos\varphi = \frac{\psi_{r\alpha}}{\psi_r} \tag{1-35}$$

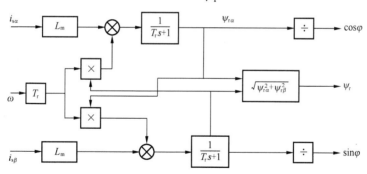

图 1-28 在 $\alpha\text{-}\beta$ 坐标系中计算转子磁链的电流模型

在 $\alpha\text{-}\beta$ 坐标系中计算转子磁链时，即系统达到稳态，由于电压、电流和磁链均为正弦量，计算量大，程序幅值对计算步长敏感。

（2）计算转子磁链的电压模型

根据电压方程中感应电动势等于磁链变化率的关系，取电动势的积分就可以得到磁链，这样的模型叫作电压模型。

$\alpha\text{-}\beta$ 坐标系上定子电压方程为

$$\begin{cases} \dfrac{\mathrm{d}\psi_{s\alpha}}{\mathrm{d}t} = -R_s i_{s\alpha} + u_{s\alpha} \\[3mm] \dfrac{\mathrm{d}\psi_{s\beta}}{\mathrm{d}t} = -R_s i_{s\beta} + u_{s\beta} \end{cases} \tag{1-36}$$

磁链方程为

$$\begin{cases} \psi_{s\alpha} = L_s i_{s\alpha} + L_m i_{r\alpha} \\ \psi_{s\beta} = L_s i_{s\beta} + L_m i_{r\beta} \\ \psi_{r\alpha} = L_m i_{s\alpha} + L_r i_{r\alpha} \\ \psi_{r\beta} = L_m i_{s\beta} + L_r i_{r\beta} \end{cases} \tag{1-37}$$

由式（1-37）前两行解出

$$\begin{cases} i_{r\alpha} = \dfrac{\psi_{s\alpha} - L_s i_{s\alpha}}{L_m} \\[3mm] i_{r\beta} = \dfrac{\psi_{r\beta} - L_s i_{s\beta}}{L_m} \end{cases} \tag{1-38}$$

代入式（1-37）后两行得

$$\begin{cases} \psi_{r\alpha} = \dfrac{L_r}{L_m}(\psi_{s\beta} - \sigma L_s i_{s\alpha}) \\[3mm] \psi_{r\beta} = \dfrac{L_r}{L_m}(\psi_{s\beta} - \sigma L_s i_{s\beta}) \end{cases} \tag{1-39}$$

由式（1-38）和式（1-39）得计算转子磁链的电压模型为

$$\begin{cases} \psi_{r\alpha} = \dfrac{L_r}{L_m}\Big[\int(u_{s\alpha} - R_s i_{s\alpha})\mathrm{d}t - \sigma L_s i_{s\alpha}\Big] \\[3mm] \psi_{r\beta} = \dfrac{L_r}{L_m}\Big[\int(u_{s\beta} - R_s i_{s\beta})\mathrm{d}t - \sigma L_s i_{s\beta}\Big] \end{cases} \tag{1-40}$$

计算转子磁链的电压模型如图 1-29 所示，其物理意义是：根据实测的电压和电流信号计算定子磁链，再计算转子磁链。电压模型不需要转速信号，且算法与转子电阻无关，只与定子电阻有关，而定子电阻相对容易测得。和电流模型相比，电压模型受电动机参数变化的影响较小，而且算法简单，便于应用。但是，由于电压模型包含纯积分项，积分的初始值和累积误差都影响计算结果，在低速时，定子电阻对电压降变化的影响也较大。

综合比较起来，电压模型更适用于中、高速范围，而电流模型适用于低速。有时为了提高准确度，把两种模型结合起来，在低速时采用电流模型，在中、高速时采用电压模型。总之，只要解决好如何过渡的问题，就可以提高整个运行范围中计算转子磁链的准确度。

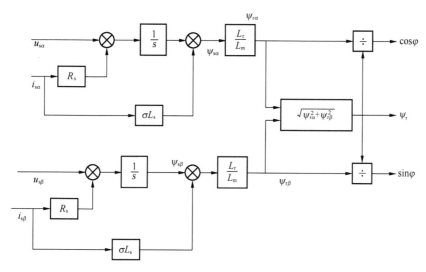

图 1-29　计算转子磁链的电压模型

1.3.4　电流控制型感应电动机的解析逆控制

如果感应电动机是以电流控制电压源逆变器供电驱动，则以电压为控制量的感应电动机模型变成了以电流为控制量的感应电动机简化模型。

$$
\begin{cases}
\dfrac{\mathrm{d}x_1}{\mathrm{d}t} = -R_s u_1 + u_{s\alpha} \\[2mm]
\dfrac{\mathrm{d}x_2}{\mathrm{d}t} = -R_s u_2 + u_{s\beta} \\[2mm]
\dfrac{\mathrm{d}x_3}{\mathrm{d}t} = \dfrac{1}{J}\left[n_p\left(u_2 x_1 - u_2 x_2 \right) - T_1 \right]
\end{cases}
\tag{1-41}
$$

定义系统的输出为定子磁链幅值与转子机械角速度

$$
\boldsymbol{y} = \boldsymbol{h}(\boldsymbol{x},\boldsymbol{u}) = \begin{bmatrix} y_1 & y_2 \end{bmatrix}^{\mathrm{T}} = \begin{bmatrix} \sqrt{x_1^2 + x_2^2} & x_3 \end{bmatrix}^{\mathrm{T}}
\tag{1-42}
$$

其中状态变量为

$$
\boldsymbol{x} = \begin{bmatrix} x_1 & x_2 & x_3 \end{bmatrix}^{\mathrm{T}} = \begin{bmatrix} \psi_{s\alpha} & \psi_{s\beta} & \omega_m \end{bmatrix}^{\mathrm{T}}
$$

系统输入为

$$
\boldsymbol{u} = \begin{bmatrix} u_1 & u_2 \end{bmatrix}^{\mathrm{T}} = \begin{bmatrix} i_{s\alpha} & i_{s\beta} \end{bmatrix}^{\mathrm{T}}
$$

系统输出为

$$
\boldsymbol{y} = \begin{bmatrix} y_1 & y_2 \end{bmatrix}^{\mathrm{T}} = \begin{bmatrix} \sqrt{x_1^2 + x_2^2} & x_3 \end{bmatrix}^{\mathrm{T}} = \begin{bmatrix} \|\boldsymbol{\psi}_s\|^2 & \omega_m \end{bmatrix}^{\mathrm{T}}
$$

其中，R_s 为定子电阻；n_p 为极对数；J 为转动惯量；$i_{s\alpha}$、$i_{s\beta}$ 为 α、β 轴定子电流分量；$\psi_{s\alpha}$、$\psi_{s\beta}$ 为 α、β 轴定子磁链分量，$u_{s\alpha}$、$u_{s\beta}$ 为 α、β 轴定子电压分量，可看作系统的可测扰动；ω_m 为转子角速度；T_1 为负载转矩。

利用逆系统理论，分析式（1-41）和式（1-42）所描述感应电动机的可逆性，分别对感应电动机系统的两个输出求导，直到表达式含输入 $\boldsymbol{u}$。

仅从这个简化模型描述的系统来看，$u_{s\alpha}$，$u_{s\beta}$ 是可测的扰动，与输入量无关。由式（1-41）和式（1-42）可以求得

$$y_1^{(0)} = L_f^0 h_1(\boldsymbol{x}, \boldsymbol{u}) = \sqrt{x_1^2 + x_2^2}$$

$$y_1^{(1)} = L_f^1 h_1(\boldsymbol{x}, \boldsymbol{u})$$

$$= \frac{2}{\sqrt{x_1^2 + x_2^2}}(-x_1 R_s u_1 - x_2 R_s u_2 + x_1 u_{s\alpha} + x_2 u_{s\beta})$$

$$y_2^{(0)} = L_f^0 h_2(\boldsymbol{x}, \boldsymbol{u}) = x_3$$

$$y_2^{(1)} = L_f^1 h_2(\boldsymbol{x}, \boldsymbol{u}) = \frac{1}{J}[n_p(u_2 x_1 - u_1 x_2) - T_1]$$

由于

$$\frac{\partial y_i^{(0)}}{\partial u_j} = \frac{\partial L_f^0 h_i(\boldsymbol{x}, \boldsymbol{u})}{\partial u_j} = 0 (j = 1,2; i = 1,2)$$

及

$$A(\boldsymbol{x}) = \frac{\partial y_i^{(1)}}{\partial u_j} = \begin{bmatrix} -\dfrac{2x_1 R_s}{\sqrt{x_1^2 + x_2^2}} & -\dfrac{2x_2 R_s}{\sqrt{x_1^2 + x_2^2}} \\ -\dfrac{1}{J} n_p x_2 & \dfrac{1}{J} n_p x_1 \end{bmatrix}$$

从而有 $\det[A(x)] = -2\dfrac{1}{J} n_p R_s \sqrt{x_1^2 + x_2^2}$，即当 $\psi_{s\alpha}^2 + \psi_{s\beta}^2 \neq 0$ 时，$A(x)$ 非奇异，即 $\mathrm{rank}[A(x)]=2$ 等于系统的输出维数，系统的相对阶为 $\alpha=\{1\ 1\}$，并可知系统可逆，故感应电动机模型可由解析逆系统来实现解耦及线性化。

根据隐函数定理，可解得解析逆控制律表达式为

$$\begin{cases} u_1 = \dfrac{1}{2R_s(x_1^2 + x_2^2)}\left[-\dfrac{2}{n_p} R_s(Jv_2 + T_1)x_2 + (\sqrt{x_1^2 + x_2^2}\, v_1 - 2x_1 u_{s\alpha} - 2x_1 u_{s\beta})x_1\right] \\ \\ u_2 = \dfrac{1}{2R_s(x_1^2 + x_2^2)}\left[\dfrac{2}{n_p} R_s(Jv_2 + T_1)x_1 - (\sqrt{x_1^2 + x_2^2}\, v_1 - 2x_1 u_{s\alpha} - 2x_1 u_{s\beta})x_2\right] \end{cases} \quad （1\text{-}43）$$

1.4　通用变频器系统的 MATLAB 仿真分析

1.4.1　变频器输出端系统的可观性与可控性仿真

图 1-30 所示为变频器输出端系统。其参数如下：

IGBT 单元：SEMIKRON SKM 50 GB 123D，最大的额定值 $V_{\mathrm{CES}} = 600\mathrm{V}$，$I_{\mathrm{C}} = 80\mathrm{A}$；直流母线电压：$V_{\mathrm{DC}} = 400\mathrm{V}$；系统 $f = 60\mathrm{Hz}$；PWM 载波频率 $f_{\mathrm{z}} = 3\mathrm{kHz}$；调制指数 $m =$

0.8；滤波电感 $L_f = 800\mu H$；滤波电容 $C_f = 400\mu F$；负载电感 $L_L = 2mH$；负载电阻 $R_L = 5\Omega$。

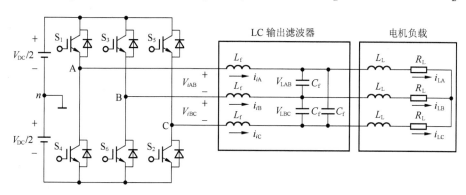

图 1-30 变频器输出端系统

先建立状态空间表达式：

$$R_L i_{LA} + L_L \frac{di_{LA}}{dt} = V_{LA} \tag{1-44}$$

$$R_L i_{LB} + L_L \frac{di_{LB}}{dt} = V_{LB} \tag{1-45}$$

$$R_L i_{LC} + L_L \frac{di_{LC}}{dt} = V_{LC} \tag{1-46}$$

对式（1-44）～式（1-46）做简单运算，即式（1-44）减式（1-45）得

$$V_{LAB} = R_L i_{LA} + L_L \frac{di_{LA}}{dt} - R_L i_{LB} - L_L \frac{di_{LB}}{dt} \tag{1-47}$$

同理，可得

$$V_{LBC} = R_L i_{LB} + L_L \frac{di_{LB}}{dt} - R_L i_{LC} - L_L \frac{di_{LC}}{dt} \tag{1-48}$$

$$V_{LAC} = R_L i_{LA} + L_L \frac{di_{LA}}{dt} - R_L i_{LC} - L_L \frac{di_{LC}}{dt} \tag{1-49}$$

根据 KCL 定律可知：

$$i_{LA} + i_{LB} + i_{LC} = 0$$

在 $i_{LA} + i_{LB} + i_{LC} = 0$ 的情况下，由式（1-47）～式（1-49）可以求得

$$\frac{di_{LA}}{dt} = \frac{V_{LAB} - V_{LCA} - 3R_L i_{LA}}{3L_L}$$

$$\frac{di_{LB}}{dt} = \frac{V_{LBC} - V_{LAB} - 3R_L i_{LB}}{3L_L}$$

$$\frac{di_{LC}}{dt} = \frac{V_{LCA} - V_{LBC} - 3R_L i_{LC}}{3L_L}$$

对 A、B、C 三点运用 KCL 定律可得

$$C\frac{\mathrm{d}V_{\mathrm{LAB}}}{\mathrm{d}t} + C\frac{\mathrm{d}V_{\mathrm{LAC}}}{\mathrm{d}t} + i_{\mathrm{LA}} = i_{i\mathrm{A}} \tag{1-50}$$

$$C\frac{\mathrm{d}V_{\mathrm{LBC}}}{\mathrm{d}t} + i_{\mathrm{LB}} - C\frac{\mathrm{d}V_{\mathrm{LAB}}}{\mathrm{d}t} = i_{i\mathrm{A}} \tag{1-51}$$

$$i_{\mathrm{LC}} - C\frac{\mathrm{d}V_{\mathrm{LBC}}}{\mathrm{d}t} - C\frac{\mathrm{d}V_{\mathrm{LAC}}}{\mathrm{d}t} = i_{i\mathrm{C}} \tag{1-52}$$

在 $V_{\mathrm{LAB}} + V_{\mathrm{LBC}} + V_{\mathrm{LCA}} = 0$ 的情况下，结合式（1-50）～式（1-52）可以求得

$$\frac{\mathrm{d}V_{\mathrm{LAB}}}{\mathrm{d}t} = \frac{1}{3C_{\mathrm{f}}}(i_{i\mathrm{A}} - i_{i\mathrm{B}}) - \frac{1}{3C_{\mathrm{f}}}(i_{\mathrm{LA}} - i_{\mathrm{LB}})$$

$$\frac{\mathrm{d}V_{\mathrm{LBC}}}{\mathrm{d}t} = \frac{1}{3C_{\mathrm{f}}}(i_{i\mathrm{B}} - i_{i\mathrm{C}}) - \frac{1}{3C_{\mathrm{f}}}(i_{\mathrm{LB}} - i_{\mathrm{LC}})$$

$$\frac{\mathrm{d}V_{\mathrm{LAC}}}{\mathrm{d}t} = \frac{1}{3C_{\mathrm{f}}}(i_{i\mathrm{A}} - i_{i\mathrm{C}}) - \frac{1}{3C_{\mathrm{f}}}(i_{\mathrm{LA}} - i_{\mathrm{LC}})$$

对三相电路首端运用 KVL 定律可得

$$V_{i\mathrm{AB}} = L_{\mathrm{f}}\frac{\mathrm{d}i_{i\mathrm{A}}}{\mathrm{d}t} + V_{\mathrm{LAB}} - L_{\mathrm{f}}\frac{\mathrm{d}i_{i\mathrm{B}}}{\mathrm{d}t} \tag{1-53}$$

$$V_{i\mathrm{BC}} = L_{\mathrm{f}}\frac{\mathrm{d}i_{i\mathrm{B}}}{\mathrm{d}t} + V_{\mathrm{LBC}} - L_{\mathrm{f}}\frac{\mathrm{d}i_{i\mathrm{C}}}{\mathrm{d}t} \tag{1-54}$$

$$V_{i\mathrm{AC}} = L_{\mathrm{f}}\frac{\mathrm{d}i_{i\mathrm{A}}}{\mathrm{d}t} + V_{\mathrm{LAC}} - L_{\mathrm{f}}\frac{\mathrm{d}i_{i\mathrm{C}}}{\mathrm{d}t} \tag{1-55}$$

在 $i_{i\mathrm{A}} + i_{i\mathrm{B}} + i_{i\mathrm{C}} = 0$ 的情况下，结合式（1-53）～式（1-55）可得

$$\frac{\mathrm{d}i_{i\mathrm{A}}}{\mathrm{d}t} = \frac{1}{3L_{\mathrm{f}}}(V_{i\mathrm{AB}} + V_{i\mathrm{AC}} - V_{\mathrm{LAB}} - V_{\mathrm{LAC}})$$

$$\frac{\mathrm{d}i_{i\mathrm{B}}}{\mathrm{d}t} = \frac{1}{3L_{\mathrm{f}}}(V_{i\mathrm{BC}} + V_{i\mathrm{BA}} - V_{\mathrm{LBC}} - V_{\mathrm{LBA}})$$

$$\frac{\mathrm{d}i_{i\mathrm{C}}}{\mathrm{d}t} = \frac{1}{3L_{\mathrm{f}}}(V_{i\mathrm{CA}} + V_{i\mathrm{CB}} - V_{\mathrm{LCA}} - V_{\mathrm{LCB}})$$

现代控制理论研究的时不变线性系统的模型如下：

$$x = Ax + Bu$$
$$y = Cx + Du$$

其中，x 为 n 维状态向量；u 为 p 维输入向量；y 为 q 维输出向量；A、B、C 和 D 分别为 $n \times n$，$n \times p$，$q \times n$ 和 $q \times p$ 的常系数矩阵。结合上面的情况，可以选取系统的 i_{LA}、i_{LB}、i_{LC}、V_{LAB}、V_{LBC}、V_{LAC}、$i_{i\mathrm{A}}$、$i_{i\mathrm{B}}$、$i_{i\mathrm{C}}$ 为状态向量，输入向量选取为 $V_{i\mathrm{AB}}$、$V_{i\mathrm{BC}}$、$V_{i\mathrm{AC}}$。输出变量选取为 i_{LA}、i_{LB}、i_{LC}。

根据上面所列的一系列方程可知系统的状态方程如下：

$$
\begin{bmatrix}
\dfrac{di_{LA}}{dt} \\[2mm]
\dfrac{di_{LB}}{dt} \\[2mm]
\dfrac{di_{LC}}{dt} \\[2mm]
\dfrac{dV_{LAB}}{dt} \\[2mm]
\dfrac{dV_{LBC}}{dt} \\[2mm]
\dfrac{dV_{LAC}}{dt} \\[2mm]
\dfrac{di_{iA}}{dt} \\[2mm]
\dfrac{di_{iB}}{dt} \\[2mm]
\dfrac{di_{iC}}{dt}
\end{bmatrix}
=
\begin{bmatrix}
-\dfrac{R_L}{L_L} & 0 & 0 & \dfrac{1}{3L_L} & 0 & \dfrac{1}{3L_L} & 0 & 0 & 0 \\[2mm]
0 & -\dfrac{R_L}{L_L} & 0 & -\dfrac{1}{3L_L} & \dfrac{1}{3L_L} & 0 & 0 & 0 & 0 \\[2mm]
0 & 0 & -\dfrac{R_L}{L_L} & 0 & -\dfrac{1}{3L_L} & -\dfrac{1}{3L_L} & 0 & 0 & 0 \\[2mm]
-\dfrac{1}{3C_f} & \dfrac{1}{3C_f} & 0 & 0 & 0 & 0 & \dfrac{1}{3C_f} & -\dfrac{1}{3C_f} & 0 \\[2mm]
0 & -\dfrac{1}{3C_f} & \dfrac{1}{3C_f} & 0 & 0 & 0 & 0 & \dfrac{1}{3C_f} & -\dfrac{1}{3C_f} \\[2mm]
-\dfrac{1}{3C_f} & 0 & \dfrac{1}{3C_f} & 0 & 0 & 0 & \dfrac{1}{3C_f} & 0 & -\dfrac{1}{3C_f} \\[2mm]
0 & 0 & 0 & -\dfrac{1}{3L_f} & 0 & -\dfrac{1}{3L_f} & 0 & 0 & 0 \\[2mm]
0 & 0 & 0 & \dfrac{1}{3L_f} & -\dfrac{1}{3L_f} & 0 & 0 & 0 & 0 \\[2mm]
0 & 0 & 0 & 0 & \dfrac{1}{3L_f} & \dfrac{1}{3L_f} & 0 & 0 & 0
\end{bmatrix}
\begin{bmatrix}
i_{LA} \\
i_{LB} \\
i_{LC} \\
V_{LAB} \\
V_{LBC} \\
V_{LAC} \\
i_{iA} \\
i_{iB} \\
i_{iC}
\end{bmatrix}
+
\begin{bmatrix}
0 & 0 & 0 \\
0 & 0 & 0 \\
0 & 0 & 0 \\
0 & 0 & 0 \\
0 & 0 & 0 \\
0 & 0 & 0 \\
\dfrac{1}{3L_f} & 0 & \dfrac{1}{3L_f} \\[2mm]
-\dfrac{1}{3L_f} & \dfrac{1}{3L_f} & 0 \\[2mm]
0 & -\dfrac{1}{3L_f} & -\dfrac{1}{3L_f}
\end{bmatrix}
\begin{bmatrix}
V_{iAB} \\
V_{iBC} \\
V_{iAC}
\end{bmatrix}
$$

同理可得系统的输出方程为

$$
\begin{bmatrix}
i_{LA} \\
i_{LB} \\
i_{LC}
\end{bmatrix}
=
\begin{bmatrix}
1 & 0 & 0 & 0 & 0 & 0 & 0 & 0 & 0 \\
0 & 1 & 0 & 0 & 0 & 0 & 0 & 0 & 0 \\
0 & 0 & 1 & 0 & 0 & 0 & 0 & 0 & 0
\end{bmatrix}
\begin{bmatrix}
i_{LA} \\
i_{LB} \\
i_{LC} \\
V_{LAB} \\
V_{LBC} \\
V_{LAC} \\
i_{iA} \\
i_{iB} \\
i_{iC}
\end{bmatrix}
+
\begin{bmatrix}
0 & 0 & 0 \\
0 & 0 & 0 \\
0 & 0 & 0
\end{bmatrix}
\begin{bmatrix}
V_{iAB} \\
V_{iBC} \\
V_{iAC}
\end{bmatrix}
$$

A、**B**、**C**、**D** 分别为 $n \times n$、$q \times p$ 与 $n \times p$、$q \times n$ 常数矩阵, 具体数值如下:

```
A =

1.0e+003*


 -2.5000        0        0   0.1667        0   0.1667        0        0        0
       0  -2.5000        0  -0.1667   0.1667        0        0        0        0
       0        0  -2.5000        0  -0.1667  -0.1667        0        0        0
 -0.8333   0.8333        0        0        0        0   0.8333  -0.8333        0
       0  -0.8333   0.8333        0        0        0        0   0.8333  -0.8333
 -0.8333        0   0.8333        0        0        0   0.8333        0  -0.8333
       0        0        0  -0.4167        0  -0.4167        0        0        0
       0        0        0   0.4167  -0.4167        0        0        0        0
       0        0        0        0   0.4167  -0.4167        0        0        0
```

B =

```
        0           0           0
        0           0           0
        0           0           0
        0           0           0
        0           0           0
        0           0           0
  416.6667          0      416.6667
 -416.6667    416.6667         0
        0    -416.6667   -416.6667
```

C =

```
  1   0   0   0   0   0   0   0   0
  0   1   0   0   0   0   0   0   0
  0   0   1   0   0   0   0   0   0
```

D =

```
  0   0   0
  0   0   0
  0   0   0
```

系统完全可控的条件是 $\mathrm{rank}[\boldsymbol{B} \quad \boldsymbol{AB} \quad \boldsymbol{A}^2\boldsymbol{B} \cdots \boldsymbol{A}^{n-1}\boldsymbol{B}] = n$。

系统完全可观的条件是 $\mathrm{rank}\begin{bmatrix} \boldsymbol{C} \\ \boldsymbol{CA} \\ \vdots \\ \boldsymbol{CA}^{n-1} \end{bmatrix} = n$。

用以下 MATLAB 程序判断系统的可控性及可观性：

```
R=5;L=2e-3;C=4e-4;Q=8e-4;A=[-R/L 0 0 1/(3*L) 0 1/(3*L) 0 0 0;0 -R/L
0 -1/(3*L) 1/(3*L) 0 0 0 0;0 0 -R/L 0 -1/(3*L) -1/(3*L) 0 0 0;-1/(3*C)
1/(3*C) 0 0 0 0 1/(3*C) -1/(3*C) 0;0 -1/(3*C) 1/(3*C) 0 0 0 0 1/(3*C)
-1/(3*C);-1/(3*C) 0 1/(3*C) 0 0 0 1/(3*C) 0 -1/(3*C);0 0 0 -1/(3*Q) 0
-1/(3*Q) 0 0 0;0 0 0 1/(3*Q) -1/(3*Q) 0 0 0 0;0 0 0 0 1/(3*Q) -1/(3*Q)
0 0 0 ];B=[0 0 0;0 0 0;0 0 0;0 0 0;0 0 0;0 0 0;1/(3*Q) 0 1/(3*Q);-1/(3*Q)
1/(3*Q) 0;0 -1/(3*Q) -1/(3*Q)];C=[1 0 0 0 0 0 0 0 0;0 1 0 0 0 0 0 0 0;0
0 1 0 0 0 0 0 0];D=[0 0 0 0 0 0 0 0];

CAM=ctrb(A, B);rcam=rank (CAM);N=size(A);n=N(1);
if rcam ==n
```

```
disp('System is controlled')
elseif rcam<n
disp('System is no controlled')
end
ob=obsv(A, C);
rob=rank(ob);
if rob==n
disp('System is observable')
elseif rob~=n
disp('System is no observable')
End
```

程序的运行结果：

System is no controlled
System is no observable

即该变频器系统不可控，也不可观。

1.4.2　Simulink 环境下的变频器系统仿真

1. 变频器主电路搭建

在 Simulink 中搭建系统变频器主电路如图 1-31 所示，主要用到了 sim power systems 工具箱和 Simulink 工具箱，其中逆变主电路用 Universal Bridge 看起来更加简单。

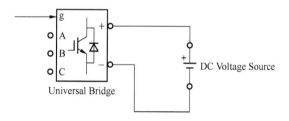

图 1-31　主电路原理图

2. 控制电路设计

控制电路设计原理如下：据自然采样法，三个互差 120° 的正弦波与高频三角载波进行比较，每路结果再经反相器产生与原信号相反的控制波，分别控制上下桥臂 IGBT 的导通与关断。这样产生的六路 SPWM 波分别控制六个 IGBT 的通断，从而在负载端产生与调制波同频的三相交流电（见图 1-32）。

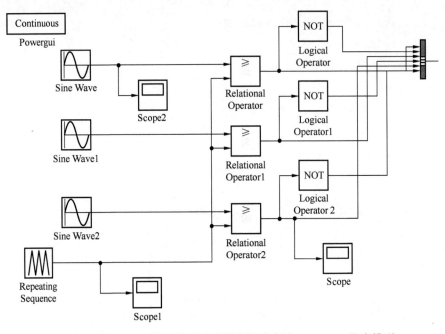

图 1-32 三相桥式 SPWM 逆变电路中的控制部分电路 MATLAB 仿真模型

完整的变频器系统 MATLAB 仿真模型如图 1-33 所示。

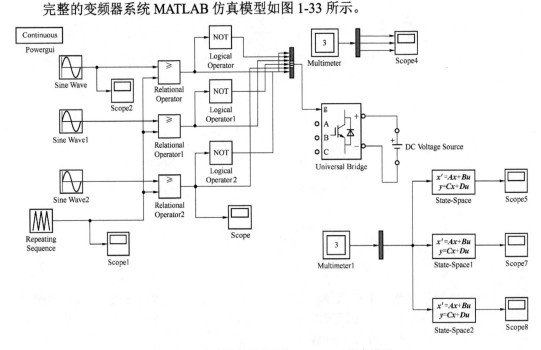

图 1-33 完整的变频器系统 MATLAB 仿真模型

3. 仿真结果

图 1-34～图 1-38 所示为变频器线电压、一相转子电流和定子电流、三相定子电流、

转速和电磁转矩波形。

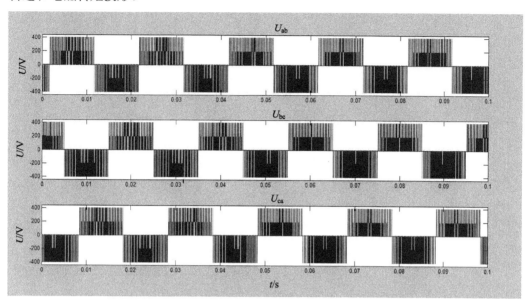

图 1-34　PWM 环节输出下的 U_{ab}、U_{bc}、U_{ca} 线电压波形

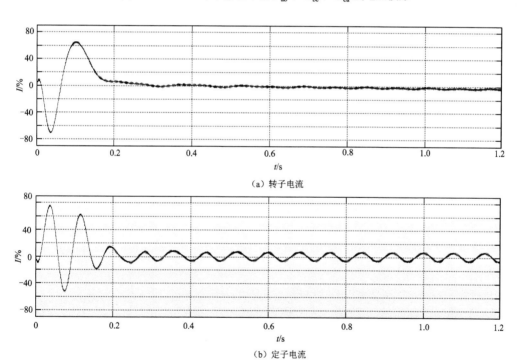

（a）转子电流

（b）定子电流

图 1-35　异步电动机一相转子电流、定子电流波形

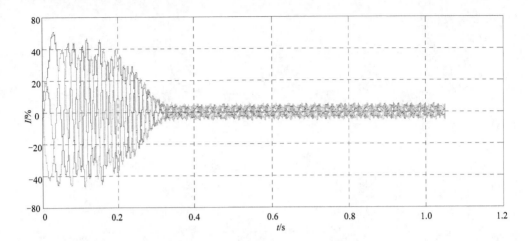

图 1-36 异步电动机三相定子电流波形

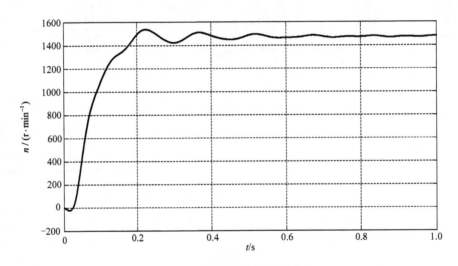

图 1-37 异步电动机转速波形

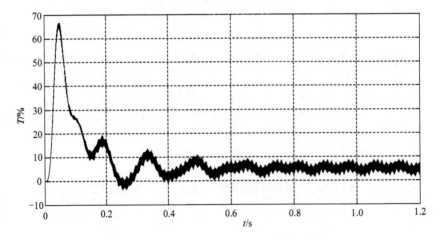

图 1-38 异步电动机电磁转矩波形

第2章　机床主轴变频器的智能控制策略

主轴部件是加工中心的主要功能部件，是决定机床高速化和高精度的关键部分。为了适应不同的加工要求，数控机床的主轴传动主要有三种配置方式。在数控机床的电主轴中，采用模糊神经网络的方法对定子电阻进行检测，可以解决因定子电阻变化的非线性、大惯性、时变性而难以确立数学模型的难题，从而提高速度控制精度和系统稳定性，并扩大调速范围。本章针对双主轴加工中心的转矩脉动现象，分析了异步电动机的动态数学模型以及直接转矩控制系统，着重研究了磁链、转矩的脉动特性，详细分析了引起脉动的因素，提出了基于 SVPWM 的直接转矩控制方法。实验表明，SVPWM 与正弦 PWM 调制技术相比，具有直流母线电压利用率高、电动机转矩波动小、电流畸变小、开关损耗小和数字化实现容易等优点。

2.1　机床主轴变频器应用概述

2.1.1　机床主轴结构及设计

机床主轴是机床中重要的零件之一，一般为支撑空心阶梯轴。图 2-1 所示为主轴外观。

图 2-1　主轴外观

为了便于使用材料力学进行结构分析，常常将阶梯轴简化成以当量直径表示的等截面轴。图 2-2 所示是一个已经简化了的机床主轴。机床主轴的设计一般考虑两个重要因素：一是主轴的自重；二是主轴伸出端 C 点的挠度。对于普通机床，并不追求过高的加工精度，因此在对主轴进行设计时，一般选取主轴的自重作为目标函数，外伸端的挠度作为约束条件。

当主轴的材料选定时，其设计方案由四个设计变量决定，即孔径 d、外径 D、跨距 l、外伸端长 a。由于机床主轴内孔常用于通过待加工的棒料，其大小由机床型号决定，不能作为设计变量，所以设计变量取为

$$\boldsymbol{x} = \begin{bmatrix} x_1 & x_2 & x_3 \end{bmatrix}^{\mathrm{T}} = \begin{bmatrix} l & D & a \end{bmatrix}^{\mathrm{T}} \tag{2-1}$$

机床优化设计的目标函数则为

$$f(\boldsymbol{x}) = \frac{1}{4}\pi\rho(x_1 + x_3)(x_2^2 - d^2) \tag{2-2}$$

其中，ρ 为材料的密度。

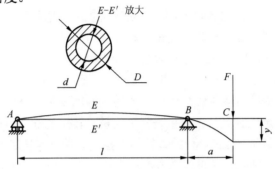

图 2-2 机床主轴变形简图

机床主轴的刚度是一个重要的性能指标，即其外伸端的挠度 y 不得超过规定值 y_0，则有

$$g_1(\boldsymbol{x}) = y - y_0 \leqslant 0 \tag{2-3}$$

在外力 F 给定的情况下，挠度 y 是设计变量 $\bar{x}$ 的函数，其值可按下式计算：

$$y = \frac{Fa^2(l+a)}{3EI} \tag{2-4}$$

其中，$I = \dfrac{\pi}{64}(D^4 - d^4)$；$E$ 是弹性模量，则 $g_1(\boldsymbol{x}) = \dfrac{64Fx_3^2(x_1 + x_3)}{3\pi E(x_2^4 - d^4)} - y_0 \leqslant 0$。

另外，根据设计变量的取值范围有

$$l_{\min} \leqslant l \leqslant l_{\max}$$
$$D_{\min} \leqslant D \leqslant D_{\max}$$
$$a_{\min} \leqslant a \leqslant a_{\max}$$

综上所述，可将主轴设计的数学模型表示如下：

$$\min f(\boldsymbol{x}) = \frac{1}{4}\pi\rho(x_1 + x_3)(x_2^2 - d^2)$$

$$g_1(\boldsymbol{x}) = \frac{64Fx_3^2(x_1 + x_3)}{3\pi E(x_2^4 - d^4)} - y_0 \leqslant 0$$
$$g_2(\boldsymbol{x}) = l_{\min} - x_1 \leqslant 0$$
$$g_3(\boldsymbol{x}) = x_2 - l_{\max} \leqslant 0$$
$$g_4(\boldsymbol{x}) = D_{\min} - x_2 \leqslant 0 \tag{2-5}$$
$$g_5(\boldsymbol{x}) = x_2 - D_{\max} \leqslant 0$$
$$g_6(\boldsymbol{x}) = a_{\min} - x_3 \leqslant 0$$
$$g_7(\boldsymbol{x}) = x_3 - a_{\max} \leqslant 0$$

在这里做如下假定。

主轴材料选 45 钢，查得 ρ =7.85g/cm^3，弹性模量 E=206GPa，主轴内径 d=30mm，F=15000N，许用挠度 y_0=0.05mm，设计变量的初值为 x_1=480mm，x_2=100mm，x_3=120mm，上下限为 $300 \leqslant x_1 \leqslant 650$，$60 \leqslant x_2 \leqslant 140$，$90 \leqslant x_3 \leqslant 150$。

将上述数值代入数学模型式（2-5）得

$$\min f(\boldsymbol{x}) = 6.16E(x_1 + x_3)(x_2^2 - 900) \times 10^3$$

$$g_1(\boldsymbol{x}) = \frac{0.495x_3^2(x_1 + x_3)}{x_2^4 - 810000} - 0.05 \leqslant 0$$

$$g_2(\boldsymbol{x}) = 300 - x_1 \leqslant 0$$

$$g_3(\boldsymbol{x}) = x_1 - 650 \leqslant 0$$

$$g_4(\boldsymbol{x}) = 60 - x_2 \leqslant 0$$

$$g_5(\boldsymbol{x}) = x_2 - 140 \leqslant 0$$

$$g_6(\boldsymbol{x}) = 90 - x_3 \leqslant 0$$

$$g_7(\boldsymbol{x}) = x_3 - 150 \leqslant 0$$

这里分别采用随机方向法进行计算，收敛精度 $\varepsilon = 10^{-5}$，共迭代 61 次，求得约束最优解：

$$\boldsymbol{x}^* = \begin{bmatrix} 300.020 & 75.263 & 90.000 \end{bmatrix}^{\mathrm{T}}，\quad f(\boldsymbol{x}^*) = 11446.7$$

2.1.2　机床主轴传动的三种配置方式

主轴部件是加工中心的主要功能部件，是决定机床高速化和高精度的关键部分，始终是机床技术发展的基础。为了适应不同的加工要求，数控机床的主轴传动主要有以下几种配置方式。

（1）带有变速齿轮的主传动方式

如图 2-3（a）所示，这种方式在大中型数控机床采用较多。通过少数几对齿轮降速，扩大输出转矩，以满足主轴的输出转矩特性要求，一部分小型数控机床也采用此种传动方式，以获得强有力的切削时所需转矩。目前，数控机床一般使用变频器驱动交流电动机，经齿轮变速后，实现多段无级变速，调速范围增加。

带有变速齿轮的主传动配置方式的优点是可满足各种切削运动输出转矩，具有大范围调速能力。但是由于结构复杂，需要增加润滑及温度控制装置，成本较高。此外，制造和维修也比较困难。

（2）一级带传动变速方式

如图 2-3（b）所示，这种传动方式主要应用在中小型数控机床上，采用 V 型带或同步带传动，可以避免齿轮传动时引起的振动与噪声，适用于低转矩特性要求的主轴。一级带传动变速方式结构简单，安装方便，调试容易，被广泛用于许多数控机床传动中。

（3）调速电动机直接驱动方式

如图 2-3（c）所示，这种主轴传动方式大大简化了主轴箱体与主轴的结构，有效地提高了主轴部件的刚度，由于结构紧凑，占用空间少，数控机床的可加工空间相对变大。

在这种驱动方式下，主轴转速的变化及转矩的输出和电动机输出特性完全一致，其弊端是主轴发热会带来控制精度误差。

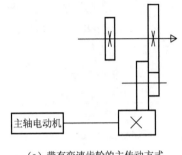

（a）带有变速齿轮的主传动方式

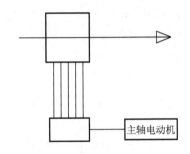

（b）一级带传动变速方式

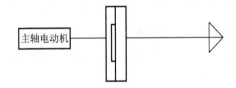

（c）调速电动机直接驱动方式

图 2-3　数控机床主轴传动方式

2.1.3　机床主轴变频驱动时转矩与功率关系

机床主轴的功率与转矩的转换公式为

$$T=9550\times P/n \tag{2-6}$$

其中，T 为转矩，单位 N·m；P 为功率，单位 kW；n 为电动机达到额定功率时的基准转速。

例如：电动机的功率为 7.5kW，电动机达到额定功率时的基准转速为 1500r/min，则在此速度时电动机输出的转矩 $T=9550\times7.5/1500=47.75$N·m。

在机床加工时需要功率大还是转矩大一直是个困扰用户的问题。这个问题要分开来看，在功率相同的情形下（恒功率状态下），当然是转矩越大越有力量。实际切削时，特别是大盘刀、重切削、大吃刀量加工时，机床切削时需要的功率会很高，而由于盘刀较大，其线速度是受约束的，所以其主轴转速一般会较低。此时如果不进行主轴变速，电动机处于恒功率区间时，功率曲线是一条斜线，由于主轴转速较低，电动机的功率下降很多。

比如说机床主电动机功率是 7.5kW，基准转速是 1500r/min。当用 120mm 的盘刀加工（8 齿），转速 300r/min 时，机床主电动机输出的功率只有 1.5kW；如果每齿进给量采用 0.1mm/Z，切宽 80mm，加工 0.5mm 深度的钢件，所需要的功率是 1.22kW。此时是无法满足大切削量加工的。

为了解决这个问题，第一种方式就是加大主电动机的功率，如果主电动机的功率加大至 15kW 时，机床主电动机此时的输出功率就达到 3kW，此时可以加工 1.5mm 深度的钢件。

第二种方式就是作主电动机减速，可采用皮带减速、齿轮箱减速等，如果此时采用 1:4 减速，主轴转速为 300r/min 时，主电动机的转速就是 1200r/min，输出功率是 6kW，此时可以加工 3mm 深度的钢件。可见，主轴变速可以在不改变功率的前提下加强机床的切削能力，即把额定功率的范围扩大，相当于把主轴电动机的基准速度提前。

如图 2-4 所示，数控机床主轴电动机的功率转矩图（以某品牌 1PH7163 型号电动机为例）可以看出，1500r/min 是此电动机的基准速度，在此速度之前电动机处于恒转矩区域，功率是从 0kW 按线性增加至 30kW；在此转速之后到 5500r/min 是恒功率范围，转矩逐步降低。转速在 5500~6500r/min 时，功率又有所降低。

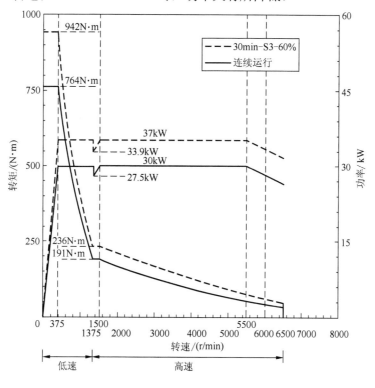

图 2-4 对比电动机与主轴的功率转矩

在主轴的功率转矩图中，因为采用了 1:1、1:4 两挡变速，所以功率转矩图分为两个阶段。在 1375r/min 之前是采用低速挡（1:4）；在此之后是采用高速挡。当处于低速挡时，转速在 375r/min 之前是恒转矩区；375~1375r/min 是恒功率范围，在此区间电动机一直可以在 30kW 运行；在 1375~1500r/min 之间功率有所下降，这个区间可以称为功率缺口区；在 1500～5500r/min 时主轴又处于恒功率区间。

因此，在采用高低两挡变速之后，有效扩展了机床主轴的恒功率区间，使主轴在低转速范围也可以满功率输出，达到低速大转矩重切削的目的。

由于主轴电动机的恒功率转速范围是在 1500～5500r/min，变速是在 1∶4，所以满足换挡后也是恒功率的最高转速是 5500(r/min)/4=1375r/min。

主轴变速的目的是为了尽可能地扩大恒功率范围，缩小功率缺口区，如果主轴电动机恒功率最高转速可以达到 6000r/min，那么转速在 375～5500r/min 为恒功率范围，这样是最好的。

当然，也可以采用多次换挡来完成这个状态。比如制作 3 挡变速的齿轮箱，分别由 1∶1、1∶2、1∶4 组成，那么在 1375～1500r/min 之间可以使用 1∶2 挡位，这样电动机的实际转速就是 2750～3000r/min 来完成主轴实际的 1375～1500r/min，而此时电动机处于恒功率区间，所以就消除了功率缺口。

另外，还可以采用 1∶1、1∶2、1∶4、1∶8 等更多挡位来增加恒功率的区间，如果采用 1∶8，可以将恒功率最小转速变为 187.5r/min，甚至采用 1∶16、1∶32 等，将最小转速无限趋近于零，当然挡位越多，故障点也会越多。

2.2 数控铣床主轴电动机的智能控制

2.2.1 数控铣床主轴电动机的驱动问题

1. 数控铣床概述

数控铣床的基本组成如图 2-5 所示，它由床身、立柱、主轴箱、工作台、滑鞍、铣

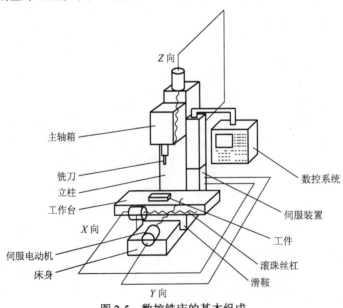

图 2-5 数控铣床的基本组成

刀、滚珠丝杠、伺服电动机、伺服装置、数控系统等组成。床身用于支撑和连接机床各部件。主轴箱用于安装主轴，主轴下端的锥孔用于安装铣刀。当主轴箱内的主轴电动机驱动主轴旋转时，铣刀能够切削工件。主轴箱还可沿立柱上的导轨在 Z 向移动，使刀具上升或下降。工作台用于安装工件或夹具。工作台可沿滑鞍上的导轨靠伺服电动机驱动滚珠丝杠在 X 向移动，滑鞍可沿床身上的导轨在 Y 向移动，从而实现工件在 X 和 Y 向的移动。控制器用于输入零件加工程序和控制机床工作状态。

2. 数控铣床电主轴

数控铣床的主轴单元是一套组件，又称"电主轴"。数控铣床主轴电动机变频控制系统框图如图 2-6 所示，电主轴基本结构原理图如图 2-7 所示。高速精密主轴单元各零件的刚度及精密度都较高，主轴的弹性变形所引起的误差相对较小，而运动副间的摩擦发热和温升却不可避免，因此热变形引起的误差往往比其他误差更为突出。高速旋转状态下，主轴多个支承轴承和电动机转子是电主轴多区段的主要热源，会直接导致主轴热变形，改变轴承的预紧状况，影响主轴的加工精度，严重时甚至会烧毁轴承，导致主轴损坏。

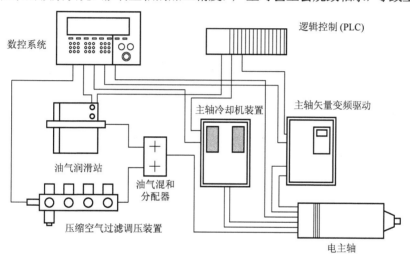

图 2-6 数控铣床主轴电动机变频控制系统框图

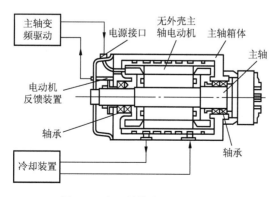

图 2-7 电主轴基本结构原理图

3. 电主轴热分析

高速电主轴作为数控铣床的核心部件，同时也是铣床的主要热源。电主轴中存在两个发热源：内置电动机的发热和主轴轴承的发热，其中电动机的发热为最主要的发热。主轴内部的多余热量不仅影响电主轴和铣床性能，严重时会损坏主轴轴承或者烧毁电动机，必须控制主轴的温升。电动机转子在主轴内部的高速搅动，使内腔中的空气也会发热，这些热源产生的热量主要通过主轴壳体和主轴向外散发。而内置电动机的两边就是主轴轴承，一方面，电动机的发热会直接影响轴承的润滑效果，热量积累过多时，甚至会烧坏电动机；另一方面，电动机的发热会使主轴伸长，影响加工精度。许多精密机床在开始加工前，要空运转一段时间，目的是让机床主轴达到热平衡，然后才开始加工，避免主轴的热膨胀影响加工精度。因此，在设计中，必须要设置良好的电动机冷却系统。

电主轴的轴承也是主轴内部主要热源之一。由于电主轴的转速很高，滚珠与滚道之间的相对滑动速度很大，摩擦发热非常严重。另外，高转速导致很高的离心力，同时也加剧了摩擦生热。轴承温度过高是导致轴承失效的最主要原因。

电主轴的冷却方法主要是采用定子循环水冷却方法对电动机定子进行强制冷却，如图 2-7 所示。为了有效地给高速运行的电主轴散热，通常在电主轴内设计循环冷却通路，利用冷却介质带走内部热量。为了强化冷却效果，有时需要在冷却通路中加装冷却装置，减小冷却介质的温度波动。电主轴工作时，循环水泵连续地将冷却水压入电主轴内，在槽内流动，形成循环，将电动机产生的热量带到电主轴外，达到冷却电动机的目的。

通过这种冷却方式，在主轴运转过程中，由支承轴承将电动机产生的热量源源不断地带走，使主轴系统在达到热平衡状态时温度降低，从而减少主轴的热变形，有利于提高数控铣床的精度稳定性。

2.2.2 数控铣床主轴电动机的参数自辨识

数控铣床主轴电动机的温度变化影响着定子电阻变化，而在变频控制中，磁链 ψ_s 或 ψ_r、转矩 T_e、转速 ω_r 和频率 ω_e 的正确估计与定子电阻值等电动机参数紧密相关。

数控铣床变频驱动系统由整流部分、逆变部分和主轴电动机（M）组成，如图 2-8 所示。变频器主板控制变频器逆变部分，执行矢量控制并操作面板。电动机的两相电流 i_R 和 i_S、中间回路的直流电压 U_d 需要被测量，并进入 A/D 部分。

根据主轴电动机特性，经过常规的近似以后，可以用式（2-7）来描述其电磁特性。

$$\begin{bmatrix} L_\sigma \cdot \dot{i}_{1\alpha} \\ L_\sigma \cdot \dot{i}_{1\beta} \\ \dot{\psi}_{2\alpha} \\ \dot{\psi}_{2\beta} \end{bmatrix} = \begin{bmatrix} -R_1 - R_2 & 0 & \dfrac{1}{T_2} & \omega_m \\ 0 & -R_1 - R_2 & -\omega_m & \dfrac{1}{T_2} \\ R_2 & 0 & -\dfrac{1}{T_2} & -\omega_m \\ 0 & R_2 & \omega_m & -\dfrac{1}{T_2} \end{bmatrix} \begin{bmatrix} i_{1\alpha} \\ i_{1\beta} \\ \psi_{2\alpha} \\ \psi_{2\beta} \end{bmatrix} + \begin{bmatrix} u_{1\alpha} \\ u_{1\beta} \\ 0 \\ 0 \end{bmatrix} \tag{2-7}$$

其中，R_1、R_2 为定子电阻、坐标变换后的转子电阻（坐标变换参考第 1 章的内容）；$u_{1\alpha}$、$u_{1\beta}$ 为两相坐标系下的定子电压；$i_{1\alpha}$、$i_{1\beta}$ 为两相坐标系下的定子电流；$\psi_{2\alpha}$、$\psi_{2\beta}$ 为坐标变换后的转子磁链；ω_{m} 为单极对数下的电角速度；L_σ 为总漏感；L_2 为坐标变换后的转子电抗；$T_2 = \dfrac{L_2}{R_2}$ 为转子时间常数。

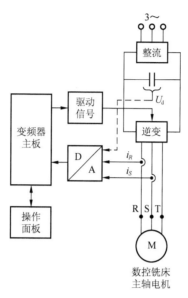

图 2-8　驱动装置结构

要想调节电动机控制系统，必须知道式（2-7）的所有系数。另外，需要特别注意的是，一些非线性效应（如磁饱和集肤效应）将会改变一些参数。

因为参数是在静止（$\omega_{\mathrm{m}} = 0$）条件下测量的，式（2-7）可以被简化并用来推导参数测量程序，这样可得到两个独立的等效子系统。式（2-8）为 α 轴结果。

$$
\begin{bmatrix} L_\sigma \cdot \dot{i}_{1\alpha} \\ \dot{\psi}_{2\alpha} \end{bmatrix} = \begin{bmatrix} -R_1 - R_2 & \dfrac{1}{T_2} \\ R_2 & -\dfrac{1}{T_2} \end{bmatrix} \begin{bmatrix} i_{1\alpha} \\ \psi_{2\alpha} \end{bmatrix} + \begin{bmatrix} u_{1\alpha} \\ 0 \end{bmatrix} \tag{2-8}
$$

1. 总漏感测量

在比转子时间常数小的时间周期内，定子电流以一阶时滞环节跟踪定子电压。电流阶跃响应的初始斜率是由总漏感决定的。如果 $i_{1\alpha} = 0$，$\psi_{2\alpha} = 0$，总漏感由式（2-9）得出。

$$
L_\sigma = u_{1\alpha} / \dot{i}_{1\alpha} \tag{2-9}
$$

图 2-9 描述了测量程序中定子电压和定子电流随时间的变化趋势。在 t_1 时刻，触发相应的 IGBT，使中间回路直流电压加到电动机的 R、S 和 R、T 端 $\left(u_{1\alpha} = \dfrac{2}{3} U_{\mathrm{d}} \right)$。在 t_2 时

刻，定子电流 i_R 达到额定电流的峰值，这时触发 IGBT 使电动机绕组短路。在 t_3 时刻，提供 $-U_d$；到 t_4 时刻，电动机恢复定子绕组短路。

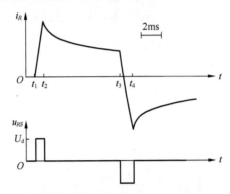

图 2-9　求漏感时的定子电压和定子电流图形

式（2-9）中，如果电流的导数用电流和时间的偏差来表示，可以得到式（2-10）。

$$L_\sigma = \frac{2}{3} U_d (t_4 - t_3) / [i_{1\alpha}(t_3) - i_{1\alpha}(t_4)] \tag{2-10}$$

选择时间间隔 $t_3 \sim t_4$ 而不是 $t_1 \sim t_2$ 的好处是，电流和时间的偏差越大，计算结果越准确；$t_3 \sim t_4$ 时间间隔内电流的平均值与期望值 0 偏差较小，触发延时不会影响结果。

根据式（2-10）计算出来的漏感偏小，因为集肤效应和铁芯的旋涡电流作用。要消除由此产生的误差，可以用计算的 $i'_{1\alpha}(t_4)$ 代替测量值，这是根据指数函数拟合在时间间隔 $t_5 \sim t_6$ 的测量值，然后得到初始值 $i'_{1\alpha}(t_4)$，如图 2-10 所示。仿真和实验结果表明，用这种方法得到的结果只有百分之几的误差。

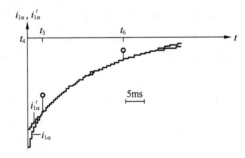

图 2-10　采样定子电流曲线（$i_{1\alpha}$）和拟合曲线（$i'_{1\alpha}$）

这次测试过程对电动机三相绕组都要实施测量，结果取平均值。

2. 定子电阻

定子电阻参数可以通过在电动机中注入不同大小的直流电流来实现，即在软件上特别为该参数的测试而设计的电流调节器和 PWM 调制器上来获得。图 2-11 给出了电流测量值和控制器电压输出随时间的变化趋势。

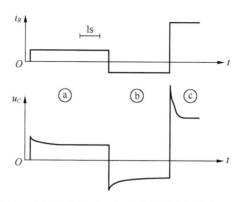

图 2-11　电流测量值（i_R）和控制器电压输出（u_C）

在区间©上，电流为额定电流的峰值；在区间ⓐ和ⓑ上，电流大约为额定电流峰值的 30%。后者必须低于电动机的额定励磁电流，防止因饱和效应引起参数测量误差。

在稳态时（$i_{1\alpha} = \mathrm{const}$，$\psi_{2\alpha} = \mathrm{const}$），式（2-11）给出了电动机的终端电压。

$$u_{1\alpha,\mathrm{stat}} = R_1 i_{1\alpha} \tag{2-11}$$

终端电压的平均值是和电流控制器的输出成正比的，并且如果电压已知，则可以直接计算出来。但是，因为晶体管的压降，电压还是会有一点背离。为了得到准确结果，定子电阻可以由式（2-12）求得

$$R_1 = [(u_{1\alpha,\mathrm{stat}}(c) - u_{1\alpha,\mathrm{stat}}(a)] / [i_{1\alpha}(c) - i_{1\alpha}(a)] \tag{2-12}$$

其中，$u_{1\alpha,\mathrm{stat}}(a)$ 表示图 2-11 中区间ⓐ上终端电压的平均值。

3. 转子时间常数

在图 2-11 中的区间ⓑ，转子磁链以指数规律从初值 $R_2 T_2 i_{1\alpha}(a)$ 到终值 $R_2 T_2 i_{1\alpha}(b)$，指数函数的时间常数为转子时间常数。这个方程可以由式（2-8）中的电压方程得到。因此，转子时间常数可以通过控制器输出来计算。

图 2-12 显示了控制器输出和最优的拟合曲线。考虑到集肤效应，阶跃响应后面紧跟的一个区间不可以用来计算。区间©也不能用来计算，因为大电流使磁链在很短的时间内就会进入饱和，用这段来算转子时间常数将会变小。

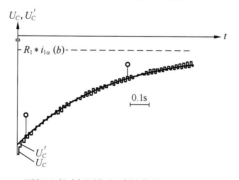

图 2-12　区间ⓑ控制器输出采样曲线 U_C 和拟合曲线 U_C'

4. 转子电阻

根据式（2-2），在区间ⓒ，图 2-12 中的电压可以用式（2-13）来计算。

$$u_{1ao}(c) = R_1 i_{1\alpha}(c) + R_2[i_{1\alpha}(c) - i_{1\alpha}(b)] \tag{2-13}$$

式（2-13）也可以用来求转子电阻。

2.2.3 基于模糊逻辑规则的定子电阻 R_s 估计

定子电阻变化的补偿对于磁链 ψ_s 或 ψ_r、转矩 T_e、转速 ω_r 和频率 ω_e 的正确估计有着重要的意义，特别是在低速情况下。由于定子电阻的变化量主要是定子绕组温度的函数，所以补偿时需要 T_s 的信息。T_s 的平均值可以通过在定子的几个地方安装的热敏电阻传感器来确定，但某种"无传感器"型则是现实的需要。

通过安装定子绕组温度传感器，模糊逻辑可以被用来实现定子电阻的近似估计，这里以功率为 3.7kW 的数控铣床的主轴电动机为例，并在该电动机定子上安装 5 个用于测试定子温度的热敏电阻，让矢量控制的异步电动机运行在额定速度（即频率），当转矩（即定子电流）阶跃变化时，记录电动机稳态时定子温度上升量（$\Delta T_{ss} = T_s - T_A$，其中 T_A 为环境温度）。

图 2-13 给出了环境温度 T_A=25℃时的实验曲线，它是定子电流和频率的函数。随着频率（转速）的增加，铁损增加，致使温度上升更快，但主轴的冷却装置实际上会使温度下降。低于最小定子电流的曲线，即对应于额定磁链的励磁电流，被看作位于垂直轴。当定子电流很小时，即使频率变化，温度变化也很小。

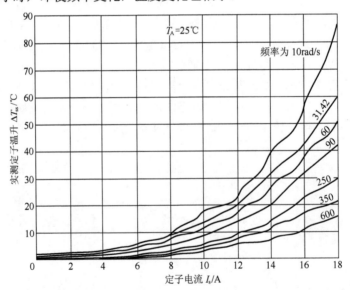

图 2-13 不同频率下（稳态）实测定子温升与定子电流的关系

根据图 2-13 中的实验曲线，选择模糊 MF 如图 2-14 所示，相应规则矩阵为表 2-1

所示。其中定子电流 $I_s(pu)$ 共有 9 级，从低到高依次为 VS、SS、SM、SB、M、MM、BS、BM、VB（其中 S 为英文 Small "小"、M 为英文 Middle "中"、B 为英文 Big "大"、V 为英文 Very "很"）；频率 $\omega_e(pu)$ 为 8 级，从低到高依次为 VS、SS、SB、M、BS、BM、BB、VB；稳态温升 $\Delta T_{ss}(pu)$ 则为 12 级，从低到高依次为 VVS、VS、SS、SM、SB、M、MM、BS、BM、BB、VB、VVB。模糊估计器的基本思想是将信号 $\Delta T_{ss}(pu)$ 作为定子电流和频率的函数。大量的 MF 聚集在低频处，以满足越来越靠近零转速，$\Delta T_{ss}(pu)$ 需要越精确估计的要求。

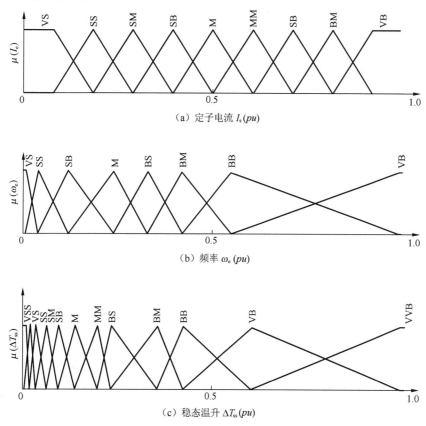

（a）定子电流 $I_s(pu)$

（b）频率 $\omega_e(pu)$

（c）稳态温升 $\Delta T_{ss}(pu)$

图 2-14 模糊估计器的隶属函数

表 2-1 用于 $\Delta T_{ss}(pu)$ 估计的规则库

$I_s(pu)$ ＼ $\omega_e(pu)$	VS	SS	SB	M	BS	BM	BB	VB
VS	VS	VS	VVS	VVS	VVS	VVS	VVS	VVS
SS	SS	SS	VS	VS	VVS	VVS	VVS	VVS
SM	SM	SM	SS	SS	VS	VS	VVS	VVS
SB	SB	SB	SM	SM	SS	SS	VS	VS
M	MM	M	SB	SB	SM	SM	SS	SS
MM	BS	MM	M	M	SB	SB	SM	SM

续表

$I_s(pu)$ ＼ $\omega_e(pu)$	VS	SS	SB	M	BS	BM	BB	VB
BS	BB	BM	MM	MM	M	M	SB	SM
BM	VB	BB	BM	BS	BS	MM	M	SB
VB	VVB	VB	BB	BM	BM	BS	MM	M

图 2-15 给出了完整的定子电阻模糊估计框图。它包括一个热时间常数曲线和热敏电阻网络。热敏电阻网络用于形成图 2-16 所示的实验曲线、T_s 的校正和电动机热时间常数 τ 的估计。在数控铣床电主轴中，冷热交换通过冷却装置实现。电动机的动态模型可以由图 2-15 所示的一阶低通滤波器 $\dfrac{1}{1+\tau s}$ 大致描述出来，其中 τ 为近似的热时间常数，它为转速（或频率）的非线性函数。

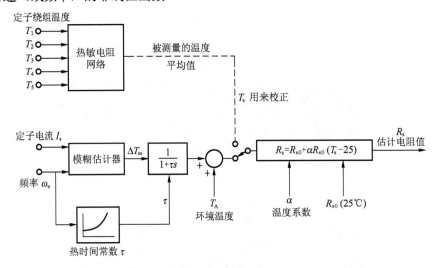

图 2-15　定子电阻的模糊估计框图

在图 2-15 中，稳态 ΔT_{ss} 可以通过图 2-14 和表 2-1 描述的模糊算法根据定子电流 I_s 和频率 ω_e 的测量值或估计值来估算。ΔT_{ss} 的模糊插补，一条典型的规则可以描述为，如果定子电流 $I_s(pu)$ 为小中（SM）并且频率 $\omega_e(pu)$ 为中（M），那么温度上升 $\Delta T_{ss}(pu)$ 为微小（SS）。

一旦稳态 ΔT_{ss} 由模糊估计器被估计出来，它通过低通滤波器 $\dfrac{1}{1+\tau s}$ 转换成动态温度上升量，并被叠加到环境温度 T_A 上以获得实际的定子温度，则实际电阻可通过如图 2-15 所示的线性表达式 $R_s = R_{s0} + \alpha R_{s0}(T_s - 25)$ 来获取。

通过热敏电阻网络测得的被测量的温度平均值用于校正估计，并不断重复该算法。最后，热敏电阻网络被去掉，所得估计算法适用于相同类型的所有电动机。图 2-16（a）表示不同定子电流但转速固定情况下，典型的 T_s 估计准确度；图 2-16（b）则表示对应的定子电阻 R_s 估计跟踪准确度。

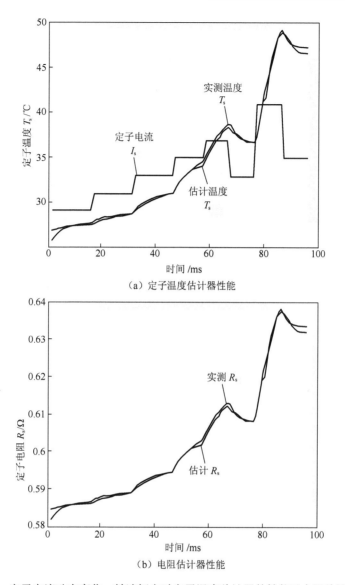

（a）定子温度估计器性能

（b）电阻估计器性能

图 2-16　定子电流动态变化、转速恒定时定子温度估计器的性能及电阻估计器性能

2.2.4　基于模糊神经网络的定子电阻 R_s 辨识

在数控铣床电主轴中，通常认为定子电阻变化的直接原因是定子绕组温度的变化，因而选用定子绕组温度及其变化率作为输入量，采用模糊观测器简化成二输入的系统。

训练结果模型由四层组成，如图 2-17 所示。

第一层为输入层，节点输出等于输入，即 x_1、x_2。

第二层的节点为项节点，高斯函数 $\mu_{ij} = \exp\left[-\left(\dfrac{x_i - c_{ij}}{\sigma_{ij}}\right)^2\right]$ 充当隶属函数，用于代表

每个相应语言变量的项。c_{ij}、σ_{ij} 分别代表隶属函数的中心和宽度。

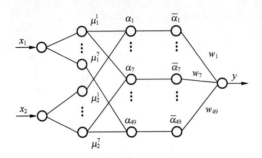

图 2-17　模糊神经网络结构图

第三层主要实现模糊推理的过程，为乘积推理。节点数目代表模糊规则，用于匹配模糊规则的前件。该层各节点的输出为

$$\alpha_j = \mu_1^{i_1} \mu_2^{i_2} \quad (i_1,\ i_2=1,\ 2,\ \cdots,\ 7;\ j=1,\ 2,\ \cdots,\ 49)$$

第四层实现归一化计算：

$$\bar{\alpha}_j = \alpha_j \Big/ \sum_{i=1}^{49} \alpha_i \quad (j=1,\ 2,\ \cdots,\ 49)$$

第五层是输出层：将上层输出值取加权和得到最后一层输出，这里的 W_{ij} 相当于输出 y 的第 j 个语言变量隶属函数的中心值。至此，基于标准模型的模糊神经网络基本建立完成。

算法采用 BP 梯度算法：

$$E_p = \frac{1}{2}(yy - \bar{y})^2 \quad (\bar{y} \text{为理想输出值}) \tag{2-14}$$

上面给出的模糊神经网络结构实质上是一种多层前馈网络，所以可仿照 BP 网络用误差反传的方法来设计调整参数的学习算法。在图 2-17 所示的模糊神经网络结构中，需要学习的参数主要是最后一层的连接权 W_{ij}，第二层的隶属度函数的中心值 c_{ij} 和宽度 σ_{ij}。

取误差函数为 $E = \frac{1}{2}(\bar{y} - y)^2$，其中 $\bar{y}$ 和 y 分别表示期望输出和实际输出。

利用一阶梯度寻优算法计算各层误差：

$$\sigma^{(5)} = \bar{y} - y$$

求得

$$\frac{\partial E}{\partial W} = -\sigma^{(5)}\alpha_i = -(\bar{y} - y)\alpha_i$$

$$\sigma_j^{(4)} = \sigma^{(5)}\omega_j \quad (j=1,2,\cdots,49)$$

$$\sigma^{(3)}{}_j = \sigma^{(4)}{}_j \sum_{\substack{i=1 \\ i \neq j}}^{49} \alpha_i \Big/ \left(\sum_{i=1}^{49} \alpha_i \right)^2 \quad (j=1,2,\cdots,49)$$

$$\sigma^{(2)}{}_{ij} = \sum_{k=1}^{49} \sigma^{(3)}{}_k S_{ij} \exp\left[-\frac{(x_i - c_{ij})^2}{\sigma^2{}_{ij}} \right] \quad (i=1,2;\ j=1,2,\ \cdots,\ 7)$$

其中，当 μ_j^i 是第 k 个规则节点（即第三层第 k 个节点）的输入时，$S_{ij} = \prod\limits_{\substack{j=1 \\ j \neq i}}^{2} \mu_j^i$，否则 $S_{ij} = 0$。

从而可求得一阶梯度为

$$\frac{\partial E}{\partial c_{ij}} = -\sigma_{ij}^{(2)} \frac{2(x_i - c_{ij})}{\sigma_{ij}^2}$$

$$\frac{\partial E}{\partial \sigma_{ij}} = -\sigma_{ij}^{(2)} \frac{2(x_i - c_{ij})}{\sigma_{ij}^{(3)}}$$

最后得到各参数的学习算法如下：

$$\omega_i(k+1) = \omega(k) - \eta \frac{\partial E}{\partial \omega_i} \quad (i=1,\ 2,\cdots,\ 49) \tag{2-15}$$

$$c_i(k+1) = c(k) - \eta \frac{\partial E}{\partial c_{ij}} \quad (i=1,2;\ j=1,\ 2,\cdots,\ 7) \tag{2-16}$$

$$\sigma_i(k+1) = \sigma(k) - \eta \frac{\partial E}{\partial \sigma_{ji}} \quad (i=1,2;\ j=1,\ 2,\cdots,\ 7) \tag{2-17}$$

其中，$\eta > 0$，为学习率。

利用电流误差和电流误差的变化率作为网络的输入，并基于上述的模糊神经网络结构以及相应算法来估测 R_i 的值。令

$$e(k) = \Delta I_s(k) = I^*(k) - I_s(k)$$
$$\Delta e(k) = e(k) - e(k-1)$$

$e(k)$ 和 $\Delta e(k)$ 规范化后的论域均表示为[-6，-5，-4，-3，-2，-1，0，1，2，3，4，5，6]。在其论域上各取相同的 7 个语言变量 T=[NL，NM，NS，ZO，PS，PM，PL]，因此系统学习前共有 49 个虚规则。

仿真中所用的三相交流电动机参数如下：

额定功率 P_0=15kW，额定电压 U_0=380V，额定电流 I_0=45.5A，额定频率 f_0=50Hz，额定转矩 T_0=100.5N·m，额定磁链 ψ_0=0.95Wb，R_s=0.081Ω，R_r=0.055Ω，L_s=0.02029H，L_r=0.0189H，L_σ=0.01969H，n_p=2，J=0.01kg·m²。

图 2-18 为 BP 网络训练的定子电阻变化曲线。定子电阻的起始值为 0.081Ω，并保持恒定值 0.5s，然后以 0.16Ω/s 的速度增长至 0.162Ω，约需 0.5s 的时间，然后保持恒定值

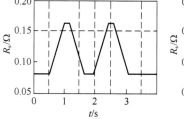
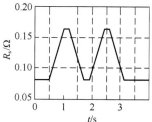

（a）定子电阻未辨识时变化曲线　　（b）定子电阻辨识时变化曲线

图 2-18　定子电阻未辨识时与辨识时的对比

0.2s，然后以相同的速率下降到初始值。此过程重复两遍。图 2-19 可以看出，定子电阻下降时电磁转矩和定子电流幅值增加，定子电阻上升时电磁转矩和定子电流幅值减少，尤其在低速时定子电阻的影响尤为显著。

由图 2-19（a）和图 2-20（a）可以看出，定子电阻未辨识时转矩波动比较严重，有较大的脉动畸变，同时电流幅值波动明显。使用模糊定子辨识后，由图 2-19（b）和图 2-20（b）的波形可以看到转矩和电流变化的波形都得到了较好的改善。

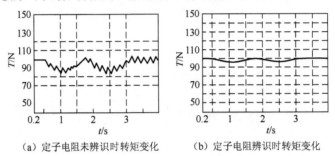

（a）定子电阻未辨识时转矩变化　　　　（b）定子电阻辨识时转矩变化

图 2-19　定子电阻未辨识时与辨识时的转矩变化

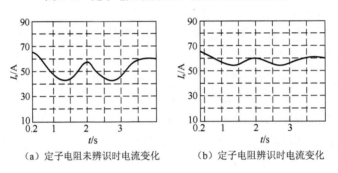

（a）定子电阻未辨识时电流变化　　　　（b）定子电阻辨识时电流变化

图 2-20　定子电阻辨识时

2.3　双主轴加工中心的 SVPWM-DTC 智能控制

2.3.1　双主轴加工中心的转矩脉动现象

由于数控车床变频器输出的 PWM 波形具有很高的 du/dt 值，同时主轴电动机动力线长度带来寄生电感，变频器驱动电流也将发生畸变，如图 2-21 所示。

驱动电流的畸变将导致驱动电流波形与电动机自身的电动机常数曲线吻合度下降，导致主轴电动机的输出转矩发生周期性波动，直接影响系统的瞬时定位精度，增加电动机的涡流损耗以及运行噪声，使电动机运行温度升高，降低电动机工作效率并加速电动机老化。

在双主轴加工中心中（图 2-22），被加工叶片在工件旋转轴上通过左右两端主轴电动机驱动的卧式转台夹持，主轴电动机输出的旋转力矩在畸变的驱动波形驱动下将出现力矩波动，工件轴左右两端不平衡的应力将作用在被加工叶片上，使叶片处于微观抖动状态，工件轴自身两电动机的同步性以及工件轴同加工轴的同步性也将发生微量偏差。在这种情况下，叶片的表面加工精度等级很难提高，加工好的叶片还必须经过精磨才能投入使用，以降低汽轮机在使用过程中的噪声、振动和叶片损耗，以及对于驱动波形中畸变分量对力矩电动机输出力矩造成的波动。

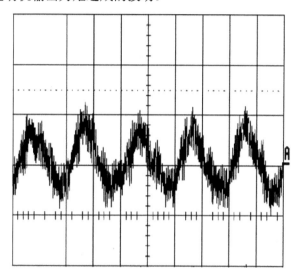

图 2-21　畸变电流

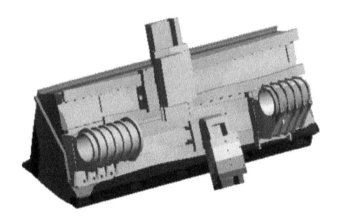

图 2-22　双主轴加工中心

综上所述，即使不考虑电动机绝缘层老化速度和电动机实际使用寿命，从降低电动机力矩输出波动，进而提高定位精度和工件加工精度等级的角度看，也应该采取相应措施对驱动电流进行滤波整形。

脉动转矩由空间不同转速的旋转磁场相互作用而产生，虽然它们相对运动一周的平均转矩为零，但瞬时值并不为零，它是电动机产生噪声、低速运行不稳定的主要原因。就瞬时值大小和对电动机不良影响来说，首推基频电压产生的基波磁场与高次谐波电压产生的基波磁场相互作用产生的脉动转矩。

为减少谐波并简化控制，一般使 PWM 波正负半波镜对称和 1/4 周期对称，则三相对称的电压 PWM 波可用傅里叶级数表示为

$$u_A(t) = \sum_{k=奇数}^{\infty} U_{km} \sin(k\omega_1 t)$$

$$u_B(t) = \sum_{k=奇数}^{\infty} U_{km} \sin\left(k\omega_1 t - \frac{2k\pi}{3}\right)$$

$$u_C(t) = \sum_{k=奇数}^{\infty} U_{km} \sin\left(k\omega_1 t + \frac{2k\pi}{3}\right)$$

其中，U_{km} 为 k 次谐波电压幅值；ω_1 基波角频率。

当谐波次数 k 是 3 的整数倍时，谐波电压为零序分量，不产生该次谐波电流。因此，三相电流可表示为

$$i_A(t) = \sum_{k>0}^{\infty} \frac{U_{km}}{z_k} \sin(k\omega_1 t - \varphi_k) = \sum_{k>0}^{\infty} I_{km} \sin(k\omega_1 t - \varphi_k)$$

$$i_B(t) = \sum_{k>0}^{\infty} \frac{U_{km}}{z_k} \sin\left(k\omega_1 t - \frac{2k\pi}{3} - \varphi_k\right) = \sum_{k>0}^{\infty} I_{km} \sin\left(k\omega_1 t - \frac{2k\pi}{3} - \varphi_k\right)$$

$$i_C(t) = \sum_{k>0}^{\infty} \frac{U_{km}}{z_k} \sin\left(k\omega_1 t + \frac{2k\pi}{3} - \varphi_k\right) = \sum_{k>0}^{\infty} I_{km} \sin\left(k\omega_1 t + \frac{2k\pi}{3} - \varphi_k\right)$$

其中，谐波阻抗 $z_k = \sqrt{R^2 + (k\omega_1 L)^2}$，谐波功率因数角 $\varphi_k = \arctan\dfrac{k\omega_1 L}{R}$，$k = 6k' \pm 1$，$k'$ 为非负整数，取"+"时，为正序分量，产生正向旋转磁场，如 7、13 次谐波；取"−"时，为负序分量，产生逆向旋转磁场，如 5、11 次谐波。

考虑到高次谐波的阻抗比较大，故高次谐波电压主要降落在谐波阻抗上。因此，三相感应电动势近似为正弦波，忽略基波阻抗压降，其幅值约等于基波电压幅值 U，由单相等效电路图（图 2-23）得

$$e_A(t) \approx u_{A1} = U_{1m} \sin(\omega_1 t)$$

$$e_B(t) \approx u_{B1} = U_{1m} \sin\left(\omega_1 t - \frac{2\pi}{3}\right)$$

$$e_C(t) \approx u_{C1} = U_{1m} \sin\left(\omega_1 t + \frac{2\pi}{3}\right)$$

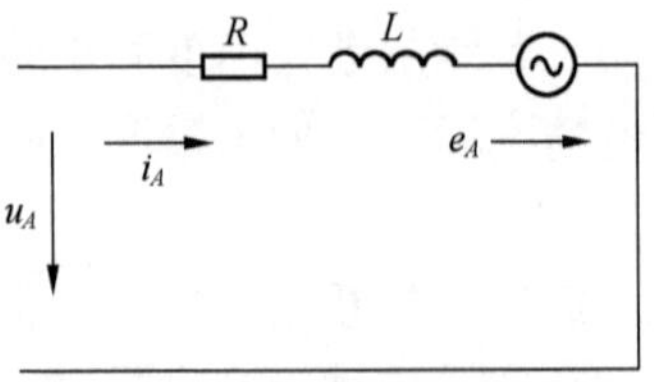

图 2-23　单相等效电路图

基波感应电动势与 k 次谐波电流传输的瞬时功率为

$$P_{1,k} = e_A(t)i_{Ak}(t) + e_B(t)i_{Bk}(t) + e_C(t)i_C(t)$$

$$= \frac{1}{2}U_{1m}I_{km}\left[1 + 2\cos\left(\frac{2\pi}{3}(k-1)\right)\right]\cos[(k-1)\omega_1 t - \varphi_k]$$

$$- \frac{1}{2}U_{1m}I_{km}\left[1 + 2\cos\left(\frac{2\pi}{3}(k+1)\right)\right]\cos[(k+1)\omega_1 t - \varphi_k]$$

k 次谐波电流产生的电磁转矩为

$$T_{1,k} \approx \frac{P_{1,k}}{\omega_1} = \frac{1}{2\omega_1}U_{1m}I_{km}\left[1 + 2\cos\left(\frac{2\pi}{3}(k-1)\right)\right]\cos[(k-1)\omega_1 t - \varphi_k]$$

$$- \frac{1}{2\omega_1}U_{1m}I_{km}\left[1 + 2\cos\left(\frac{2\pi}{3}(k+1)\right)\right]\cos[(k+1)\omega_1 t - \varphi_k]$$

k=5、7、11、13 谐波电流产生的电磁转矩为

$$T_{1,5} \approx \frac{P_{1,5}}{\omega_1} = \frac{3}{2\omega_1}U_{1m}I_{5m}\cos(6\omega_1 t - \varphi_5)$$

$$T_{1,7} \approx \frac{P_{1,7}}{\omega_1} = \frac{3}{2\omega_1}U_{1m}I_{7m}\cos(6\omega_1 t - \varphi_7)$$

$$T_{1,11} \approx \frac{P_{1,11}}{\omega_1} = \frac{3}{2\omega_1}U_{1m}I_{11m}\cos(12\omega_1 t - \varphi_{11})$$

$$T_{1,13} \approx \frac{P_{1,13}}{\omega_1} = \frac{3}{2\omega_1}U_{1m}I_{13m}\cos(12\omega_1 t - \varphi_{13})$$

综上所述，5 次和 7 次谐波电流产生 6 次的脉动转矩，11 次和 13 次谐波电流产生 12 次的脉动转矩。在 PWM 控制时，应抑制这些谐波分量。当 k 继续增大时，谐波电流较小，脉动转矩不大，可忽略不计。

2.3.2　SVPWM 调制技术原理

空间矢量脉宽调制（space vector pulse width modulation，SVPWM）实际上是对应于交流感应电动机或交流永磁同步电动机中的三相电压源逆变器功率器件的一种特殊的开关触发顺序和脉宽大小的组合，这种开关触发顺序和组合将在定子线圈中产生三相互差 120° 的电角度、失真较小的正弦波电流波形。

实践和理论证明，与直接的正弦脉宽调制（SPWM）技术相比，SVPWM 的优点主要如下：

1）SVPWM 优化谐波程度比较高，消除谐波效果要比 SPWM 好，实现容易，并且可以提高电压利用率。

2）SVPWM 直流母线电压利用率比 SPWM 更高。

3）SVPWM 转矩脉动比 SPWM 更小，输出更平稳。

对称电压三相正弦相电压的瞬时值可以表示为

$$\begin{cases} u_a = U_{\mathrm{m}} \cos \omega t \\ u_b = U_{\mathrm{m}} \cos\left(\omega t - \dfrac{2}{3}\pi\right) \\ u_c = U_{\mathrm{m}} \cos\left(\omega t + \dfrac{2}{3}\pi\right) \end{cases} \tag{2-18}$$

其中，U_{m} 为相电压的幅值，$\omega=2\pi f$ 为相电压的角频率。图 2-24 所示为三相电压的空间矢量图，在该平面上形成一个复平面，复平面的实轴与 a 相电压空间矢量重合，虚轴超前实轴 90°，分别标识为 Re、Im。在这个复平面上，定义三相相电压 u_a、u_b、u_c 合成的电压空间矢量 U_{out} 为

$$U_{\mathrm{out}} = \frac{2}{3}\left(u_a + u_b \mathrm{e}^{\mathrm{j}\frac{2}{3}\pi} + u_c \mathrm{e}^{-\mathrm{j}\frac{2}{3}\pi}\right) = U_{\mathrm{m}} \mathrm{e}^{\mathrm{j}\left(\omega t - \frac{\pi}{2}\right)} \tag{2-19}$$

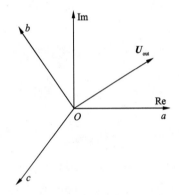

图 2-24　电压空间矢量

三相电压型逆变器电路原理图如图 2-25 所示。定义开关量 a、b、c 和 a'、b'、c' 表示 6 个功率开关管的开关状态。当 a、b 或 c 为 1 时，逆变桥的上桥臂开关管开通，其下桥臂开关管关断（即 a'、b' 或 c' 为 0）；反之，当 a、b 或 c 为 0 时，上桥臂开关管关断而下桥臂开关管开通（即 a'、b' 或 c' 为 1）。由于同一桥臂上下开关管不能同时导通，则上述的逆变器三路逆变桥的组态一共有 8 种。

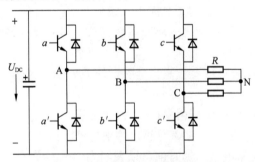

图 2-25　三相电压型逆变器原理图

对于不同的开关状态组合（abc），可以得到 8 个基本电压空间矢量。各矢量为

$$U_{out} = \frac{2U_{DC}}{3}\left(a + b e^{j\frac{2}{3}\pi} + c e^{-j\frac{2}{3}\pi}\right) \tag{2-20}$$

则相电压 V_{an}、V_{bn}、V_{cn}，线电压 V_{ab}、V_{bc}、V_{ca} 以及 $U_{out}(abc)$ 的值如表 2-2 所示（其中 U_{DC} 为直流母线电压）。

表 2-2　开关组态与电压的关系

a	b	c	V_{an}	V_{bn}	V_{cn}	V_{ab}	V_{bc}	V_{ca}	U_{out}
0	0	0	0	0	0	0	0	0	0
1	0	0	$\frac{2U_{DC}}{3}$	$-\frac{U_{DC}}{3}$	$-\frac{U_{DC}}{3}$	U_{DC}	0	$-U_{DC}$	$\frac{2}{3}U_{DC}$
0	1	0	$-\frac{U_{DC}}{3}$	$\frac{2U_{DC}}{3}$	$-\frac{U_{DC}}{3}$	$-U_{DC}$	U_{DC}	0	$\frac{2}{3}U_{DC}e^{j\frac{2\pi}{3}}$
1	1	0	$\frac{U_{DC}}{3}$	$\frac{U_{DC}}{3}$	$-\frac{2U_{DC}}{3}$	0	U_{DC}	$-U_{DC}$	$\frac{2}{3}U_{DC}e^{j\frac{\pi}{3}}$
0	0	1	$-\frac{U_{DC}}{3}$	$-\frac{U_{DC}}{3}$	$\frac{2U_{DC}}{3}$	0	$-U_{DC}$	U_{DC}	$\frac{2}{3}U_{DC}e^{j\frac{4\pi}{3}}$
1	0	1	$U_{DC}/3$	$-\frac{2U_{DC}}{3}$	$\frac{U_{DC}}{3}$	U_{DC}	$-U_{DC}$	0	$\frac{2}{3}U_{DC}e^{j\frac{5\pi}{3}}$
0	1	1	$-\frac{2U_{DC}}{3}$	$\frac{U_{DC}}{3}$	$\frac{U_{DC}}{3}$	$-U_{DC}$	0	U_{DC}	$\frac{2}{3}U_{DC}e^{j\pi}$
1	1	1	0	0	0	0	0	0	0

可以看出，在 8 种组合电压空间矢量中，有 2 个零电压空间矢量，6 个非零电压空间矢量。将 8 种组合的基本空间电压矢量映射至如图 2-26 所示的复平面，并分成了 6 个区（即扇区）。

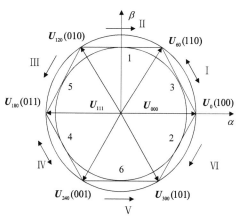

图 2-26　电压空间矢量与对应的（abc）示意图

2.3.3　SVPWM 算法实现

SVPWM 的理论基础是平均值等效原理，即在一个开关周期 T_{PWM} 内通过对基本电压空间矢量加以组合，使其平均值与给定电压空间矢量相等。这里采用电压空间矢量合成法实现 SVPWM。

如图 2-26 所示，在某个时刻，电压空间矢量 U_{out} 旋转到某个区域中，可由组成这个区域的两个相邻的非零矢量（U_K 和 U_{K+1}）和零矢量（U_0）在时间上的不同组合来得到。先作用的 U_K 称为主矢量，后作用的 U_{K+1} 称为辅矢量，作用的时间分别为 T_K 和 T_{K+1}，U_{000} 作用时间为 T_0。以扇区 I 为例，空间矢量合成示意图如图 2-27 所示。根据平衡等效原则可以得到如下公式：

$$T_{\text{PWM}} U_{\text{out}} = T_1 U_0 + T_2 U_{60} + T_0 (U_{000} \text{或} U_{111}) \tag{2-21}$$

$$T_1 + T_2 + T_0 = T_{\text{PWM}} \tag{2-22}$$

$$\begin{cases} U_1 = \dfrac{T_1}{T_{\text{PWM}}} U_0 \\[3mm] U_2 = \dfrac{T_2}{T_{\text{PWM}}} U_{60} \end{cases} \tag{2-23}$$

其中，T_1、T_2、T_0 分别为 U_0、U_{60} 及零矢量 U_{000} 和 U_{111} 的作用时间，θ 为合成矢量与主矢量的夹角。

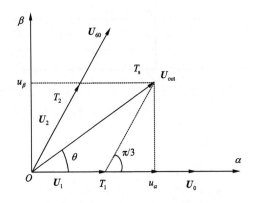

图 2-27　电压空间矢量合成示意图

要合成所需的电压空间矢量，需要计算 T_1、T_2、T_0，由图 2-27 可以得到：

$$\frac{|U_{\text{out}}|}{\sin 2\pi / 3} = \frac{|U_1|}{\sin(\pi / 3 - \theta)} = \frac{|U_2|}{\sin \theta} \tag{2-24}$$

将式（2-23）及 $|U_0| = |U_{60}| = 2U_{\text{DC}} / 3$ 和 $|U_{\text{out}}| = U_{\text{m}}$ 代入式（2-24）中，可以得到：

$$\begin{cases} T_1 = \sqrt{3}\,\dfrac{U_{\text{m}}}{U_{\text{DC}}} T_{\text{PWM}} \sin\left(\dfrac{\pi}{3} - \theta\right) \\[3mm] T_2 = \sqrt{3}\,\dfrac{U_{\text{m}}}{U_{\text{DC}}} T_{\text{PWM}} \sin \theta \\[3mm] T_0 = T_{\text{PWM}} \left(1 - \sqrt{3}\,\dfrac{U_{\text{m}}}{U_{\text{DC}}} \cos\left(\dfrac{\pi}{6} - \theta\right)\right) \end{cases} \tag{2-25}$$

取 SVPWM 调制深度 $M = \sqrt{3}U_m / U_{DC}$，在 SVPWM 调制中，要使得合成矢量在线性区域内调制，则要满足 $|U_{out}| = U_m \leqslant 2U_{DC} / 3$，即 $M_{max} = 2 / \sqrt{3} = 1.1547 > 1$。由此可知，在 SVPWM 调制中，调制深度最大值可以达到 1.1547，比 SPWM 调制最高所能达到的调制深度 1 高出 0.1547，这使其直流母线电压利用率更高，也是 SVPWM 控制算法的一个主要优点。

（1）判断电压空间矢量 $\boldsymbol{U}_{out}$ 所在的扇区

判断电压空间矢量 $\boldsymbol{U}_{out}$ 所在扇区的目的是确定本开关周期所使用的基本电压空间矢量。用 U_α 和 U_β 表示参考电压空间矢量 $\boldsymbol{U}_{out}$ 在 α、β 轴上的分量，定义 U_{ref1}、U_{ref2}、U_{ref3} 三个变量，令

$$\begin{cases} U_{ref1} = u_\beta \\ U_{ref2} = \sqrt{3}u_\alpha - u_\beta \\ U_{ref3} = -\sqrt{3}u_\alpha - u_\beta \end{cases} \tag{2-26}$$

再定义三个变量 A、B、C，通过分析可以得出：

若 $U_{ref1} > 0$，则 $A=1$，否则 $A=0$；

若 $U_{ref2} > 0$，则 $B=1$，否则 $B=0$；

若 $U_{ref3} > 0$，则 $C=1$，否则 $C=0$。

令 $N=4C+2B+A$，则可以得到 N 与扇区的关系，通过表 2-3 得出 U_{out} 所在的扇区。

表 2-3　N 与扇区的对应关系

N	3	1	5	4	6	2
扇区	I	II	III	IV	V	VI

（2）确定各扇区相邻两非零矢量和零矢量作用时间

由图 2-27 可以得出：

$$\begin{cases} u_\alpha = \dfrac{T_1}{T_{PWM}} |U_0| + \dfrac{T_2}{T_{PWM}} |U_{60}| \cos\dfrac{\pi}{3} \\ u_\beta = \dfrac{T_2}{T_{PWM}} |U_{60}| \sin\dfrac{\pi}{3} \end{cases} \tag{2-27}$$

由式（2-27）可以得出：

$$\begin{cases} T_1 = \dfrac{\sqrt{3}T_{PWM}}{2U_{DC}} \left(\sqrt{3}u_\alpha - u_\beta \right) \\ T_2 = \dfrac{\sqrt{3}T_{PWM}}{U_{DC}} u_\beta \end{cases} \tag{2-28}$$

同理，可以得出其他扇区各空间矢量的作用时间，可以令

$$\begin{cases} X = \dfrac{\sqrt{3}T_{\text{PWM}}u_\beta}{U_{\text{DC}}} \\[3mm] Y = \dfrac{\sqrt{3}T_{\text{PWM}}}{U_{\text{DC}}}\left(\dfrac{\sqrt{3}}{2}u_\alpha + u_\beta\right) \\[3mm] Z = \dfrac{\sqrt{3}T_{\text{PWM}}}{U_{\text{DC}}}\left(-\dfrac{\sqrt{3}}{2}u_\alpha + u_\beta\right) \end{cases} \qquad (2\text{-}29)$$

可以得到各个扇区 T_1、T_2、T_0 作用的时间如表 2-4 所示。

表 2-4　各扇区 T_1、T_2、T_0 作用时间

N	1	2	3	4	5	6
T_1	Z	Y	$-Z$	$-X$	X	$-Y$
T_2	Y	$-X$	X	Z	$-Y$	$-Z$
T_0	$T_{\text{PWM}} = T_{\text{s}} - T_1 - T_2$					

当 $T_1 + T_2 > T_{\text{PWM}}$ 时，必须进行过调制处理，则令

$$\begin{cases} T_1 = \dfrac{T_1}{T_1 + T_2}T_{\text{PWM}} \\[3mm] T_2 = \dfrac{T_2}{T_1 + T_2}T_{\text{PWM}} \end{cases} \qquad (2\text{-}30)$$

（3）确定各扇区空间矢量切换点
定义：

$$\begin{cases} T_a = (T_{\text{PWM}} - T_1 - T_2)/4 \\ T_b = T_a + T_1/2 \\ T_c = T_b + T_2/2 \end{cases} \qquad (2\text{-}31)$$

三相电压开关时间切换点 T_{cmp1}、T_{cmp2}、T_{cmp3} 与各扇区的关系如表 2-5 所示。

表 2-5　各扇区时间切换点 T_{cmp1}、T_{cmp2}、T_{cmp3} 与各扇区的关系

N	1	2	3	4	5	6
T_{cmp1}	T_b	T_a	T_a	T_c	T_c	T_b
T_{cmp2}	T_a	T_c	T_b	T_b	T_a	T_c
T_{cmp3}	T_c	T_b	T_c	T_a	T_b	T_a

为了限制开关频率，减少开关损耗，必须合理选择零矢量 000 和零矢量 111，使变流器开关状态每次只变化一次。假设零矢量 000 和零矢量 111 在一个开关周期中作用时间相同，生成的是对称 PWM 波形，再把每个基本空间电压空间矢量作用时间一分为二。例如图 1-4 所示的扇区 I，逆变器开关状态编码序列为 000、100、110、111、110、100、000，将三角波周期 T_{PWM} 作为定时周期，与切换点 T_{cmp1}、T_{cmp2}、T_{cmp3}

比较，从而调制出 SVPWM 波，其输出波形如图 2-28 所示。同理，可以得到其他扇区的波形图。

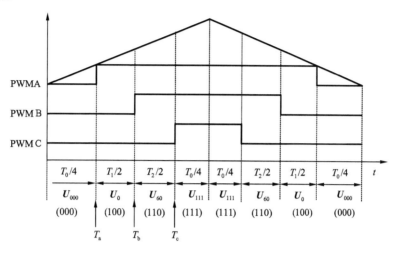

图 2-28　扇区 Ⅰ 内三相 PWM 调制方式

2.3.4 基于空间矢量脉宽调制的直接转矩控制系统

基于空间矢量脉宽调制的直接转矩控制系统（SVPWM-DTC）是采用 PI 控制器取代滞环调节器，同时考虑转矩、磁链偏差的大小和方向，利用 SVPWM 模块取代开关表，根据二者的偏差实时推导出任意大小、方向的电压空间矢量施加在电动机的定子绕组上，而不局限于逆变器固定的输出电压空间矢量，并且实现逆变器开关频率恒定，从而大大降低转矩和磁链的脉动。

美国学者 Habetler 提出的无差拍控制技术是在一个控制周期内，根据磁链和转矩的误差，计算出能使误差为零的定子电压空间矢量，并在下一个控制周期中使用 SVPWM 技术将其合成来实现控制。无差拍技术能在理论上完美解决 ST-DTC 存在的问题，但实际计算量较大，不易实现。这里采用 PI 调节器获得可以补偿磁链和转矩误差的参考电压量，再由 SVPWM 技术合成目标电压空间矢量来控制逆变器，其方法直接简单，利于实现。

异步电动机在以 ω_{ψ_s} 旋转的坐标系 d-q 下的定子电压空间矢量方程（2-32），ω_{ψ_s} 为定子磁链矢量 ψ_s 相对于静止 α 轴的旋转角速度，d 轴与定子磁链矢量方向一致，$\psi_s = \psi_{sd} + \psi_{sq}$ 即 $\psi_s = \psi_{sd}$，$\psi_{sq} = 0$，定子电压空间矢量方程式可以写成式（2-33）和式（2-34）

$$u_s = R_s i_s + \frac{\mathrm{d}\psi_s}{\mathrm{d}t} + \mathrm{j}\omega_{\psi s}\psi_s \qquad (2\text{-}32)$$

$$u_{sd} = R_s i_{sd} + \frac{\mathrm{d}\psi_s}{\mathrm{d}t} \qquad (2\text{-}33)$$

$$u_{sq} = R_s i_{sq} + \omega_{\psi s}\psi_s \qquad (2\text{-}34)$$

电磁转矩方程式可以转化为

$$T_e = 1.5 n_p \psi_s i_{sq} \tag{2-35}$$

由式（2-34）和式（2-35）可得

$$u_{sq} = R_s \frac{T_e}{1.5 n_p \psi_s} + \omega_{\psi s} \psi_s \tag{2-36}$$

由式（2-33）可知，定子电压空间矢量的 d 轴分量 u_{sd} 可以影响定子磁链的变化；从式（2-36）可见，在 ψ_s 恒定的情况下，定子电压空间矢量的 q 轴分量 u_{sq} 可以用来产生电磁转矩的控制量。也就是说，在一个控制周期内，通过 PI 调节器可以得到消除磁链和转矩误差的电压空间矢量。

基于 SVPWM 的直接转矩控制系统结构图如图 2-29 所示，包括定子磁链闭环控制、电磁转矩闭环控制和速度闭环控制。根据 $|\psi_s|^*$ 和 $|\psi_s|$ 之间的偏差 $\Delta\psi_s$，T_e^* 和 T_e 之间的偏差 ΔT_e，经过两个 PI 控制器得到旋转参考坐标系下的参考定子电压空间矢量分量 u_{sd}、u_{sq}，再经反旋转坐标变换得到静止坐标系下的分量 $u_{s\alpha}^*$、$u_{s\beta}^*$，作为 SVPWM 模块的参考电压空间矢量，最终得到恒定开关频率的开关信号控制逆变器。

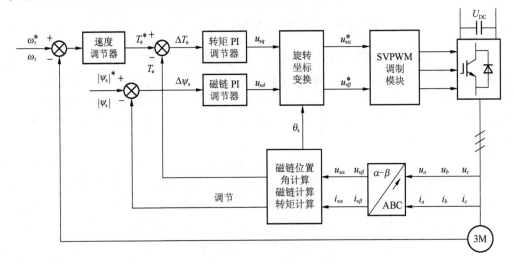

图 2-29　基于 SVPWM 的直接转矩控制系统结构图

2.3.5　基于 SVPWM 的直接转矩系统仿真研究

基于 SVPWM 的直接转矩控制系统仿真模型如图 2-30 所示，而直接转矩控制仿真图如图 2-31 所示。

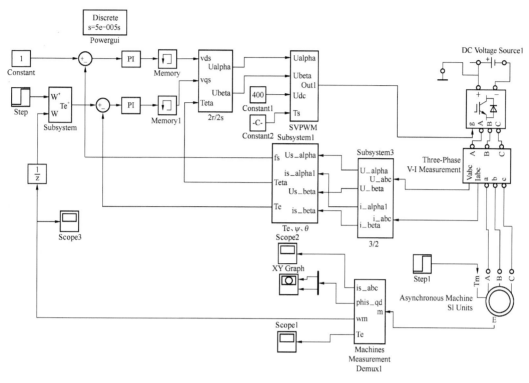

图 2-30 基于 SVPWM 的异步电动机直接转矩控制仿真图

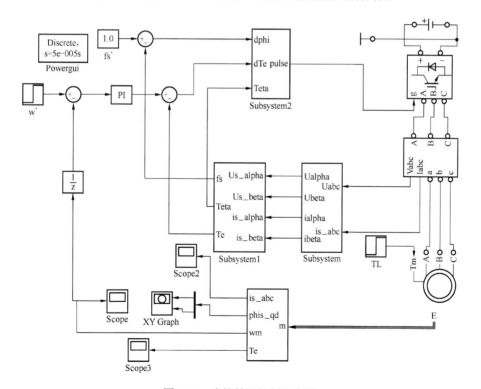

图 2-31 直接转矩控制仿真图

仿真实验所用异步电动机参数为：额定功率 P_N=15kW，额定电压 U_N=380V，频率 f=50Hz，定子电阻 R_s=0.435Ω，转子电阻 R_r=0.816Ω，定子漏电感为 L_s=4mH，转子漏电感为 L_r=2mH，定转子互感 L_m=69.31mH，极对数 n_p=2，转动惯量 J=0.0891kg·m²。

图 2-32 所示是对基于 SVPWM 的异步电动机直接转矩控制进行的低速性能仿真，其中转速为 80r/min，转矩为 10N·m。

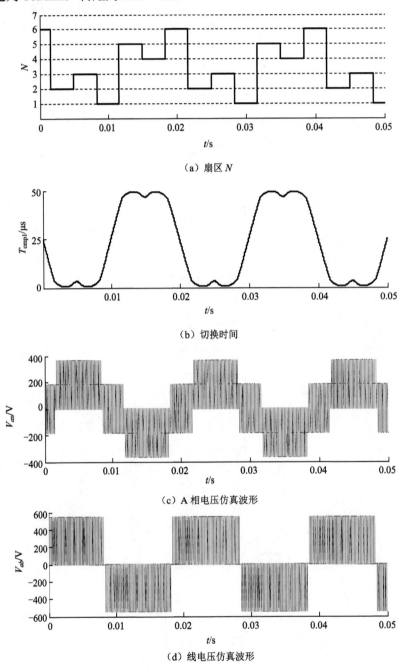

（a）扇区 N

（b）切换时间

（c）A 相电压仿真波形

（d）线电压仿真波形

图 2-32 SVPWM 仿真波形

从图 2-32（a）看出，扇区 N 值为 3、1、5、4、6、2 交替。从图 2-32（b）看出，由 SVPWM 算法得到的调制波呈马鞍形，这样有利于提高直流电压利用率，有效抑制谐波。由图 2-32（c）看出，SVPWM 控制方式能够较好地实现对逆变器的控制，得到的相电压为 6 拍阶梯波。由图 2-32（d）可以看出，逆变器输出的线电压波形为三电平，其幅值为直流电压值。

SVPWM 在电压利用率上有明显的优势，比 SPWM 高出约 15.47%。SVPWM 电压波形是马鞍型，SPWM 为正弦波。

图 2-33 所示是基于 SVPWM 的低速性能仿真图，其中（a）图为定子磁链轨迹，（b）图为定子 a 相电流波形，（c）图为转矩波形，（d）图为转速波形。

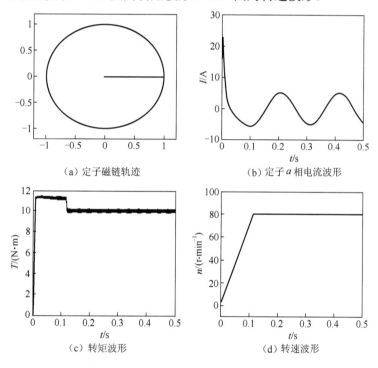

（a）定子磁链轨迹　　　　（b）定子 a 相电流波形

（c）转矩波形　　　　（d）转速波形

图 2-33　基于 SVPWM 的低速性能仿真

图 2-34 为负载转矩阶跃状态下的系统仿真波形，转速为 500r/min，负载转矩在 0.3s 时由 10N·m 跳变为 5N·m。（a）、（c）、（e）图为传统直接转矩控制系统仿真波形，（b）、（d）、（f）图为基于 SVPWM 的直接转矩控制系统的仿真波形。

以上是对直接转矩和基于 SVPWM 的直接转矩两种控制策略的仿真结果进行比较。从图可以看出，直接转矩系统的转速响应快，但转矩脉动和电流谐波很大，其低速性能较差。直接转矩中采用 PI 控制器保证了磁链和转矩的控制精度，使得系统的转矩脉动低、电流谐波小；采用 SVPWM 合成技术保证了开关频率恒定，过电压扇区时没有磁链的畸变，有效改善了系统的低速性能。因此，从以上的分析可以看出，基于 SVPWM 的直接转矩相对于传统直接转矩能够有效地减小转矩和磁链脉动，降低电流谐波，提高系统的低速性能。基于空间矢量脉宽调制技术的直接转矩控制系统定子磁链轨迹更接近于圆形，定子磁链和定子电流畸变小，转矩脉动得到有效抑制。

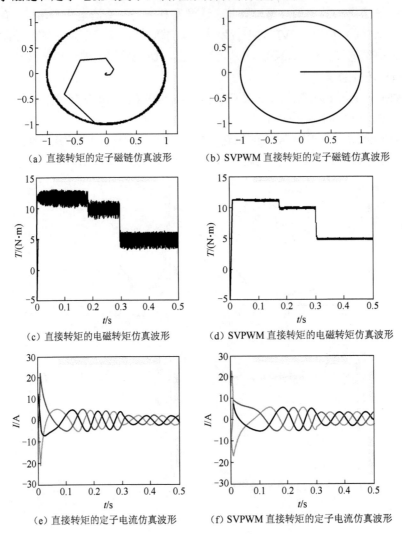

（a）直接转矩的定子磁链仿真波形　（b）SVPWM 直接转矩的定子磁链仿真波形

（c）直接转矩的电磁转矩仿真波形　（d）SVPWM 直接转矩的电磁转矩仿真波形

（e）直接转矩的定子电流仿真波形　（f）SVPWM 直接转矩的定子电流仿真波形

图 2-34　仿真比较图

第3章　泵类专用变频器的智能控制策略

变频器在泵类的应用中,以 PID 控制最为典型。本章在阐述传统 PID 控制的基础上,对积分分离、变速积分和不完全微分三种先进 PID 控制算法进行深入剖析,并通过 MATLAB 仿真实验给出验证结果;将基于模糊 PID 的控制器运用到流量控制中,效果显著;神经网络 PID 控制器能保证系统稳定,但是响应速度很慢;基于模糊神经网络的 PID 控制器能扬长避短,充分发挥其优势,仿真结果证实该控制器不仅能使系统快速达到稳定状态,而且鲁棒性和抗干扰能力都大大提高。本章还介绍了碱回收锅炉的汽包液位控制及其数学模型,采用模糊 PID 控制器,具有控制灵活、适应性强的优点。最后介绍了基于 PSO-PID 的自动加药泵变频流量控制,通过一种基于 PSO 算法的 PID 控制器设计,得出仿真结果并验证其优势。

3.1　变频器在泵类负载中的应用

3.1.1　泵类概述

在农业生产中,泵是主要的排灌机械。我国农村每年都需要大量的泵,一般来说农用泵占泵总产量的一半以上。在石油化工行业的生产中,原料、半成品和成品大多是液体,而将原料制成半成品和成品,需要经过复杂的工艺过程,泵在这些过程中起到了输送液体和提供化学反应的压力流量的作用。此外,在很多装置中还用泵来调节温度。在矿业和冶金行业中,泵也是使用最多的设备之一。矿井需要用泵排水,在选矿、冶炼和轧制过程中,需要用泵来供水等。在电力行业,核电站需要核主泵、二级泵、三级泵;热电厂需要大量的锅炉给水泵、冷凝水泵、循环水泵和灰渣泵等。在国防建设中,飞机襟翼、尾舵和起落架的调节,军舰和坦克炮塔的转动,以及潜艇的沉浮等都需要用到泵。对于高压和有放射性的液体,有的还要求泵无任何泄漏等。在船舶制造行业中,每艘远洋轮船上所用的泵一般在百台以上,其类型也是各式各样的。

总之,无论是农业还是工业,或者是民用领域,到处都需要泵,到处都有泵在运行。正是因为这样,所以把泵列为通用机械,它是机械工业中的一类重要产品。

从泵的性能范围看,巨型泵的流量每小时可达几十万立方米以上,而微型泵的流量每小时则在几十毫升以下;泵的压力可从常压到超过 19.61MPa（200kg/cm^2）;被输送液体的温度最低可在-200℃以下,最高可超过 800℃。泵输送液体的种类繁多,诸如输送水（清水、污水等）、油液、酸碱液、悬浮液和液态金属等。

下面列举几种常见的泵。

1. 离心泵

离心泵是利用叶轮旋转使水产生离心力来工作的。离心泵在启动前，必须使泵壳和吸水管内充满水，然后启动电动机，使泵轴带动叶轮和水作高速旋转运动，水在离心力的作用下，被甩向叶轮外缘，经蜗形泵壳的流道流入水泵的压水管路，如图3-1所示。水泵叶轮中心处，水在离心力的作用下被甩出后形成真空，吸水池中的水便在大气压力的作用下被压进泵壳内，叶轮通过不停地转动，使水在叶轮的作用下不断流入与流出，达到输送水的目的。

图 3-1 离心泵工作原理

离心泵属于非容积式泵，其流量随着压力的变动而大幅度地变化。离心泵的特性曲线和性能参数是泵内流体运动参数的外部表现形式，泵内流体的运动状况由泵的转速和泵的几何参数决定，其效率随转速、流量、扬程变动而变化。在工业生产中，离心泵数量约占泵总数的80%。

离心泵主要用于输送类似清水的介质。按介质的不同，离心泵可分为清水泵、锅炉给水泵和热水泵等。按结构分，可分为卧式离心泵、液下泵、管道泵等。非金属材料，尤其是新型工程塑料，与金属材料相比有较好的耐腐蚀性能，而单位体积的价格比金属材料低得多，制造也容易。因此，随着非金属材料的飞速发展，非金属离心泵在化工、医药等行业的应用会越来越广泛。

2. 转子泵

转子泵属于容积式泵。通过转子与泵体间的相对运动来改变工作容积，进而使液体的能量增加。在工业生产中，转子泵数量约占泵总量的10%。

转子泵按其结构和原理，可分为齿轮泵、螺杆泵、凸轮泵（罗茨泵）、挠性叶轮泵、滑片泵、软管泵等。转子泵是一种旋转的容积式泵，具有正排量性质，其流量不随背压变化而变化，图 3-2 所示为其内部结构。优先选用转子泵的场合有需要计量的场合、需要自吸的场合、含有粘性液体或气体的场合、小流量场合、要求对介质柔和的场合、需要反转的场合及高压力场合等。

图 3-2　转子泵内部结构

3. 往复泵

往复泵也属于容积式泵，通过活塞或柱塞在缸体内的往复运动来改变工作容积，进而使液体的能量增加。往复泵包括活塞泵和柱塞泵，适用于输送流量较小、压力较高的各种介质。当流量小于 100m³/h，排出压力大于 10MPa 时，往复泵有较高的效率和良好的运行性能。

4. 计量泵

计量泵也称定量泵或比例泵。计量泵也属于容积式泵，只是用于精确计量，通常要求计量泵的稳定性精度不超过±1%。计量泵可以计量易燃、易爆、腐蚀、磨蚀、浆料等各种液体，在石油化工装置中经常使用。

5. 潜水泵

潜水泵是电动机和水泵组装为一体的电力排灌设备，结构简单紧凑，机组潜入水中工作，无需建筑泵房，使用方便，在民用领域应用尤其广泛。

3.1.2　变频器在泵上的节能应用

通过流体力学的基本定律可知：离心泵类设备均属平方转矩负载，其转速 n 与流量 Q、压力 H 以及轴功率 P 具有如下关系：$Q \propto n$，$H \propto n^2$，$P \propto n^3$，即流量与转速成正比、压力与转速的平方成正比、轴功率与转速的立方成正比。

以一台水泵为例，它的出口压头为 H_0（出口压头即泵入口和管路出口的静压力差），额定转速为 n_0，阀门全开时的管阻特性为 r_0，额定工况下与之对应的压力为 H_1，出口流量为 Q_1。流量-转速-压力关系曲线如图 3-3 所示。

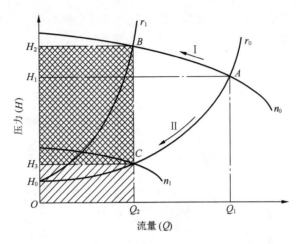

图 3-3 水泵的流量-转速-压力关系曲线

在现场控制中，要求管网压力不得低于 H_3，在此范围内调节系统供水流量。通常采用水泵定速运行，调节出口阀门开度控制流量。当流量从 Q_1 减小 50% 至 Q_2 时，阀门开度减小使管网阻力特性由 r_0 变为 r_1，系统工作点沿方向 I 由原来的 A 点移至 B 点，受其节流作用使得泵口压力由 H_1 变为 H_2，管网压力则因为节流原因降至 H_3。

水泵轴功率实际值（kW）可由公式得出

$$P = QH / (\eta_c\eta_b) \times 10^{-3} \tag{3-1}$$

其中，P、Q、H、η_c、η_b 分别表示功率、流量、压力、水泵效率、传动装置效率（如直接传动为 1）。假设总效率（$\eta_c\eta_b$）为 1，水泵由 A 点移至 B 点工作时，电动机节省的功耗为 AQ_1OH_1 和 BQ_2OH_2 的面积差。如果采用调速手段改变水泵的转速 n，当流量从 Q_1 减小 50% 至 Q_2 时，那么管网阻力特性为同一曲线 r_0，系统工作点将沿方向 II 由原来的 A 点移至 C 点，水泵的运行也更趋合理。在阀门全开，只有管网阻力的情况下，系统满足现场的流量要求，能耗势必降低。此时，电动机节省的功耗为 AQ_1OH_1 和 CQ_2OH_3 的面积差。比较采用阀门开度调节和水泵转速控制两种方式，显然使用水泵转速控制更为有效合理，具有显著的节能效果。

另外，从图 3-3 中还可以看出：阀门调节将系统压力 H 升高时，这将对泵体和阀门的密封性能形成威胁和破坏；而转速调节时，系统压力 H 将随泵转速 n 的降低而降低，因此不会对系统产生不良影响。

综上所述：当现场对水泵流量的需求从 100% 降至 50% 时，采用转速调节将比原来的阀门调节节省 BCH_3H_2 所对应的功率大小，理论节能率在 75% 以上。

与此相类似的，如果采用变频调速技术改变泵类转速来控制现场压力、温度、水位等其他过程控制参量，同样可以依据系统控制特性绘制出关系曲线，进而得出上述的比较结果。因此，采用变频调速技术改变电动机转速的方法，要比采用阀门开度调节和水泵转速控制方式更为节能经济，设备运行工况也将得到明显改善。

3.1.3　变频器在泵类负载上的控制特点

变频器控制泵具有以下几个特点。

1. 电动机的再起动

一些要求高效率运行的泵，通常要求工频电源供电与变频器供电随时可以相互切换。例如，某小区采用深井地热水供暖，3 台 45kW 电动机—水泵机组供暖，由 1 台变频器控制，最高频率为 50Hz，供水量最大时为 3 台机组均以工频电源供电运行。该系统随气温变化和昼夜对供暖要求的不同，3 台机组可以分别以如下三种方式运行，2 台工频泵运行，1 台变频泵（50Hz 以下）运行；1 台停运，1 台工频运行，1 台变频运行；2 台停运，1 台变频运行。这样几种运行方式既满足了供热需要，又提高了运行效率，还能起到节能的作用。但是，在这样的运行过程中，特别是从工频电源切换到变频运行时，要求变频器必须具有转速跟踪功能。这样电动机从电网切离后，在滑行情况下平滑切换，实现空转再起动功能，从而提高了连续运行的可靠性和稳定性。

2. 自诊断连续运行

用于生产设备中的泵经常会由于电源干扰发生跳闸事故，且原因难以查找。发生异常工况时，变频器首先进行自诊断，如果系统没有问题则自动复位后再起动。在这段时间内利用速度检测功能找出自诊断过程中电动机降速的原因，并使其达到原速度，即要求系统应该具有异常恢复功能。

3. 免跳闸运行功能

泵传动具有下降转矩特性，其有效的过载保护功能使其运行在过转矩检测方式下。此时，一旦达到设定的过载电流值，变频器的输出频率就降低，即在运行中失速。对于具有下降转矩特性的负载，只有在平衡点作短时间运行，待负载下降后便自动恢复到原来所设定的频率。

4. 电磁噪声

当变频器应用于泵负载时，还应该注意电动机产生的电磁噪声。利用正弦波 PWM 变频器控制通用电动机时，会因高次谐波的影响产生噪声。为此，可在变频器与电动机之间装设电抗器，约为阻抗的 3%~4%，也可将 U/f 降低到与负载相适应的程度，便可使噪声降低 5~10dB。另外，目前已有面向中、小容量电动机的低噪声 PWM 变频器产品，其低速区域约可降低 20dB，效果较好。

5. 电动机的温升

利用正弦波 PWM 变频器对通用电动机调速时，流过电动机的电流比应用工频电源时的电流约大 5%，特别是低速运行时，电动机冷却风扇的能力下降，此时必须降低负载转矩或限定运行时间等。然而，当低速时的负载转矩与转速的平方或立方成正比下降时，则没有温升问题。为了起到有效的保护作用，可在电动机内装设热敏电阻元件，但此方式造成电动机造价高、结构相对复杂。然而，利用变频器系统软件进行保护，即根据电动机的电流、输出频率、运行时间以及电动机冷却能力等对电动机线圈温度进行仿真与控制，是一种有效的保护方式，这种保护方式随运行频率变化。由于可以自动改变保护特性，故可以在整个控制范围内保护电动机。

3.1.4　泵类负载的常规 PID 控制

PID 控制是最早发展起来的控制策略之一，由于其算法简单、可靠性高的显著优点，广泛应用于各种泵类的压力、流量和液位控制中。在实际生产现场中，由于受到参数整定方法的限制，常规 PID 控制器往往整定不良、性能欠佳，对运行工况的适应性很差，这就极大地限制了传统 PID 控制器的应用。

PID 控制系统主要由被控对象和控制器两部分组成。PID 控制的过程为：控制系统将输入值与输出值相减，得到系统偏差，对偏差进行比例、积分和微分运算，再将处理后的结果相加得到总控制量，再对被控对象进行控制，构成 PID 控制器。PID 控制是基于对偏差"过去""现在""未来"信息估计的一种线性控制算法。常见模拟 PID 控制系统如图 3-4 所示。

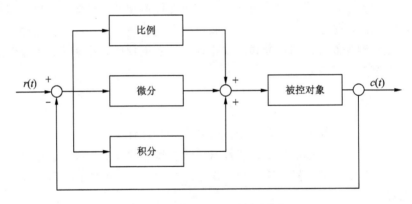

图 3-4　模拟 PID 控制方框图

图 3-4 中，PID 控制器的输出 $u(t)$ 是系统误差 $e(t)$ 分别经过各环节处理后线性组合的关系，表达式如下：

$$u(t) = K_p \left[e(t) + \frac{1}{T_i} \int_0^t e(t)\mathrm{d}t + T_d \frac{\mathrm{d}e(t)}{\mathrm{d}t} \right] \tag{3-2}$$

其传递函数形式通常为

$$U(s) = K_p \left(1 + \frac{1}{T_i s} + T_d s \right) E(s) \tag{3-3}$$

其中，$e(t) = r(t) - c(t)$；K_p 为比例系数；T_i 为积分时间常数；T_d 为微分时间常数。本书中涉及的 K_p、T_i、T_d 的含义均同此式，不再赘述。

PID 控制器各校正环节的作用如下。

比例环节：代表现在的信息，即时地、成比例地反映控制系统的偏差信号 $e(t)$。偏差一旦产生，控制器立即产生控制作用，以减少偏差，使过渡过程反应迅速。缺点是稳定性下降。

积分环节：代表过去的信息，通过计算误差信号的积分值并乘以一个积分系数，纠正信号的偏差。误差值是过去一段时间的误差和，主要用于消除静差、提高系统的误差度，改善系统的稳定性能。缺点就是加入积分调节会使系统稳定性下降，动态响应变慢。

微分环节：代表未来的信息，计算误差的一阶导数，并与微分系数相乘。这个导数表示误差信号的改变速度，也会对系统的改变作出反应，以符合偏差信号的变化趋势，并能在偏差信号值变得太大之前，在系统中引入一个早期的修正信号，从而加快系统的动作速度，减少调节时间。缺点就是对噪声干扰有放大作用。

实际设计 PID 控制器时，通常在微控制器中实现。要用计算机实现连续系统中的模拟 PID 控制规律，就要对其进行离散化处理，变成数字 PID 控制器。在采样周期远小于信号变化周期时，可作如下近似：

$$
\begin{cases}
u(t) \approx u(k) \\
e(t) \approx e(k) \\
\displaystyle\int_0^t e(t)\mathrm{d}t \approx \sum_{j=0}^{k} e(j)\Delta t = T\sum_{j=0}^{k} e(j) \\
\dfrac{\mathrm{d}e(t)}{\mathrm{d}t} \approx \dfrac{e(k)-e(k-1)}{\Delta t} = \dfrac{e(k)-e(k-1)}{T}
\end{cases}
\tag{3-4}
$$

其中，T 为采样周期；k 为采样序号，$k=1,2,\cdots$。

这时，控制器的输出与输入之间的关系为

$$
u(k) = K_p\left\{ e(k) + \frac{T}{T_i}\sum_{j=0}^{k} e(j) + \frac{T_d}{T}\big[e(k)-e(k-1)\big] \right\}
\tag{3-5}
$$

其中，T 为采样周期；k 为采样序号，$k=0,1,2,\cdots$；$u(k)$ 为第 k 次采样输出值，$e(k)$ 为第 k 次采样输出偏差值，$e(k-1)$ 为第 $k-1$ 次采样输出偏差值。

数字 PID 控制系统方框图如图 3-5 所示。

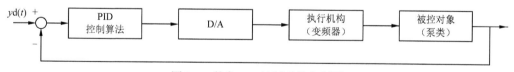

图 3-5　数字 PID 控制系统方框图

这种 PID 控制算法被称为位置式 PID 控制算法。

位置 PID 控制算法具有明显的缺陷：当前采样时刻的输出与过去的各个状态有关，计算时要对 $e(k)$ 进行累加，计算量很大，而且由于输出控制量 $u(k)$ 对应执行机构的实际位置偏差，如果位置传感器出现故障，$u(k)$ 就会出现大的波动，造成设备的损坏，这是在实际控制中必须避免的情况。为此，人们在位置式的基础上发明了增量式 PID 控制算法。

对数字 PID 位置式取增量，即数字控制器输出的是相邻两次采样时刻所计算的位置值之差。

由式（3-5）递推可得，第 $k-1$ 次采样时：

$$u(k-1)=K_p\left\{e(k-1)+\frac{T}{T_i}\sum_{j=0}^{k-1}e(j)+\frac{T_d}{T}\big[e(k-1)-e(k-2)\big]\right\} \tag{3-6}$$

将式（3-5）与式（3-6）两式相减得

$$u(k)-u(k-1)=K_p\left\{e(k)-e(k-1)+\frac{T}{T_i}e(k)+\frac{T_d}{T}\big[e(k)-2e(k-1)+e(k-2)\big]\right\} \tag{3-7}$$

则增量算式为

$$\Delta u(k)=u(k)-u(k-1)$$
$$=K_p\big[e(k)-e(k-1)\big]+K_ie(k)+K_d\big[e(k)-2e(k-1)+e(k-2)\big] \tag{3-8}$$

其中，$K_i=\dfrac{T}{T_i}$，为积分系数；$K_d=\dfrac{T_d}{T}$，为微分系数。

由于式（3-8）得出的是数字 PID 控制器输出控制量的增量值，因此，称之为增量式数字 PID 控制算法，其只需要保持三个采样时刻的偏差值。

上递推算式可以写成如下形式：

$$u(k)=u(k-1)+d_0e(k)+d_1e(k-1)+d_2e(k-2) \tag{3-9}$$

其中，$d_0=K_p(1+K_i+K_d)$；$d_1=K_p(1+2K_d)$；$d_2=K_pK_d$。

与位置式数字 PID 控制算法相比，增量式数字 PID 控制算法有明显的优点：它是增量输出控制，增量 $\Delta u(k)$ 的确定仅与此前最近的三次采样值有关，所以机器发生故障时影响范围小，不会严重影响生产过程；在手动—自动切换时冲击小，控制方式转换时可以平稳过渡。

可是增量式数字 PID 控制算法也有不足的方面：积分截断效应大，有静态误差，溢出的影响大。所以选择的时候不可一概而论，如果精度要求高、动作比较快的场合，可用位置式算法，如电力电子变换器的控制；如果执行的时间比较长，如电动机控制等，则选择增量式算法。

3.2 基于改进型 PID 的供水泵变频控制

3.2.1 积分分离 PID 控制算法在原水泵站中的应用

积分分离 PID 控制算法主要应用于有较大惯性及滞后的系统，尤其是适用于水泵控制与用户之间距离相对较远的场合，比如长距离原水泵站，如图 3-6 所示。原水泵站从水库取水后，通过变频器的 PID 控制依次泵送至 A 用户、B 用户和 C 用户，期间距离最远处达到 21.5km，其参数反馈（流量、压力等）存在较大惯性。

积分分离 PID 算法基本设计思想是当偏差值 $|e(k)|$ 大于一定值时，不进行积分，而采用 PD 控制，避免过大的超调，又使系统有较快的响应。而当偏差值 $|e(k)|$ 小于一定值时，恢复积分采用 PID 控制，以消除系统的静态误差，保证控制精度。

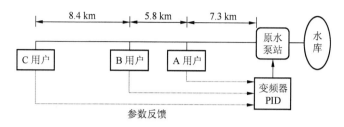

图 3-6　长距离原水泵站

积分分离 PID 控制的具体实现步骤如下：

1）根据实际情况，设定阈值 ε，$\varepsilon > 0$。

2）当 $|e(k)| > \varepsilon$ 时，采用 PD 控制，可避积分积累。

3）当 $|e(k)| \leqslant \varepsilon$ 时，采用 PID 控制，保证控制精度。

积分分离算法可表示为

$$u(k) = K_p e(k) + \beta K_i \sum_{j=0}^{k} e(j)T + K_d \frac{e(k) - e(k-1)}{T} \qquad (3-10)$$

其中，T 为采样时间；β 为积分项的开关系数，$\beta = \begin{cases} 1 & |e(k)| \leqslant \varepsilon \\ 0 & |e(k)| > \varepsilon \end{cases}$。

这里以图 3-6 所示的原水泵站设备控制对象为例，确定其 $G(s) = \dfrac{\mathrm{e}^{-80s}}{59s + 1}$，采样周期为 20s，延迟时间为 4 个采样周期，即 80s。输入信号 $yd(k)=40$，控制器输出限制在 $[-110,110]$。$K_p = 0.79$，$K_i = 0.005$，$K_d = 3$；被控对象离散化为

$$y(k) = -\mathrm{den}(2)y(k-1) + \mathrm{num}(2)u(k-5)$$

采用分段积分分离 PID 控制仿真结果如图 3-7 所示，采用普通 PID 控制仿真结果如图 3-8 所示。

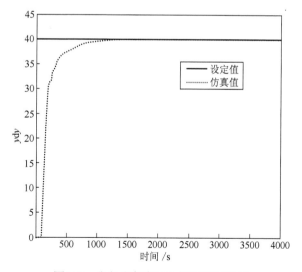

图 3-7　分段分离式 PID 控制仿真结果

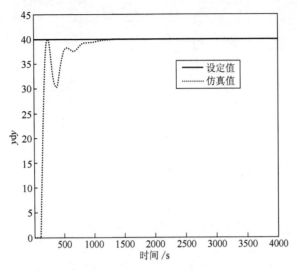

图 3-8 普通 PID 控制仿真结果

表 3-1 所示是使用积分分离 PID 控制算法在原水泵站中的泵送参数，其流速和停留时间等参数满足用户的需求。积分作用使该泵送系统稳定性降低，超调量增大。当被控量与设定值偏差较大时，删除积分作用，以使 $\sum_{j=0}^{k} e(j)$ 不至于过大。只有当 $e(k)$ 较小时才引入积分作用，以消除静差，提高控制精度。

表 3-1 原水泵站的泵送参数

项目 参数	原水泵站→A用户	A用户→B用户	B用户→C用户
流速/(m·s⁻¹)	1.760	1.386	1.073
停留时间/h	1.150	1.160	2.175

需要说明的是，为保证引入积分作用后系统的稳定性不变，在输入积分作用时比例系数 K_p 可进行相应变化。此外，β 值应根据具体对象及要求而定，若 β 过大，则达不到积分分离的目的；β 过小，则会导致无法进入积分区。如果只进行 PD 控制，会使控制出现余差。

3.2.2 变速积分 PID 控制算法在变频器休眠过程中的应用

休眠功能，就是变频器在低频率运行时，如果其产生的作用对于生产过程没有太多作用，可以暂时停机，一旦生产过程中需要变频器运转时，变频器又能马上投入运行。这样的过程类似于"休眠"与"唤醒"，它只是在变频器无级调速的低频段设置阈值开关，低于阈值开关值为休眠，高于阈值开关值则为唤醒，因此不是真正意义上的停机。因为在休眠期间，变频器的输出是关断的，所以休眠功能也能在一定程度上节约电能。

为了防止系统在开关附近来回反复切换和频繁起动，阈值开关往往是有一定宽度的，包括零频阈值频率和零频回差。

这里以模拟量电流输入为例说明休眠过程的实现，如图 3-9 所示。

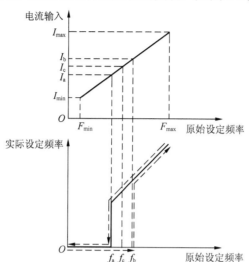

图 3-9　休眠功能示意

起动过程：运行命令发出后，只有当模拟量电流输入达到或超过某值 I_b，其对应的设定频率达到 f_b 时，电动机才开始启动，并按加速时间加速到模拟量电流输入对应的频率。

停机过程：运行过程中当模拟量电流值减小到 I_b 时，变频器并不会立即停机，只有当电流继续减小到 I_a，对应的设定频率为 f_a 时，变频器才停止输出（但不停机），即零频运行。

显然，这里的 f_a 就是零频运行阈值，f_b-f_a 就是零频回差。

上面的例子是针对模拟量输入的普通运行而言，实际上在其他运行状态，如 PID 闭环也是有效的，只要变频器的输出频率达到零频阈值开关，休眠功能就可以实现。

变频器的休眠功能经常用于水泵控制，这是因为变频器的低频段对水泵的压力贡献很小，假如此时生产过程需求量不高，休眠就是顺理成章的事了。

图 3-10 所示的恒压供水系统运行时，经常会遇到用户用水量较小或不用水（如夜晚）的情况，为了节能，供水系统可以设置使水泵暂停工作的"休眠"功能，当变频器频率输出低于其下限时，停止工作，水泵停止（处于休眠状态）。当水压下降到一定值，经变频器 PID 运算需要输出较高频率时，将先启动变频器运转水泵，继续原先的恒压供水程序。该系统中，需要设定两个参数值，即"休眠值"和"唤醒值"。"休眠值"即为变频器输出的下限频率，也就是零频运行阈值 f_a；"唤醒值"即为 f_b，就是零频回差与零频运行阈值的和，如果变频器输出的供水压力不足，变频器经过 PID 计算得出的输出频率需要超过 f_b 时，才能唤醒变频器工作。经测试得出"休眠值"为 18Hz，"唤醒值"为 20Hz。

在 PID 闭环控制中，变频器还提供了另外一种方式的休眠功能，即休眠功能的唤醒不是通过变频器 PID 计算输出的频率值来确定，而是通过 PID 工艺中的反馈量来确定。在这种休眠功能中，需定义以下参数：①休眠频率值或速度值；②休眠功能起动的延时时间；③唤醒时的反馈量工艺数值；④唤醒延时时间。

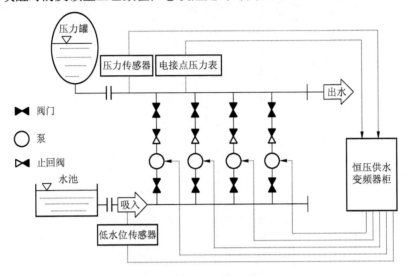

图3-10　恒压供水系统

图3-11所示为变频器在PID闭环运行时的休眠功能示意图，其中SLEEP MODE为休眠状态。

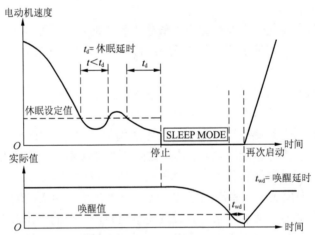

图3-11　变频器在PID闭环运行时的休眠功能示意图

如果电动机速度低于休眠设定值，且时间长于休眠延时时间，则变频器切换为休眠状态，停止输出；当过程实际值低于唤醒时的反馈量工艺数值，且时间长于唤醒延时时间，则变频器马上起动进行PID闭环工作。在这里，唤醒时的反馈量工艺数值，一般以过程给定值的百分比形式表示。同样以恒压供水为例，在夜间耗水量较低的情况下，PID过程控制就会降低电动机的转速，如果设定休眠功能有效的话，变频器就会进入休眠状态。

由于休眠时变频器没有输出，一旦被唤醒，变频器由于仍采用原PID控制方式，其响应速度较慢，无法满足响应要求高的恒压供水系统，这时需要对原PID控制系统进行改进，变速积分 PID 控制算法是其中的一种改进方法。

变速积分法的基本思路是设法改变积分项的累加速度，使其与偏差的大小相适应。偏差较大时，积分作用减弱；偏差较小时，积分作用增强。

具体实现为：设置系数 $f\left[e(k)\right]$，它是当前偏差 $e(k)$ 的函数，其关系可以是线性的，也可以是非线性的，现设为

$$f[e(k)] = \begin{cases} 1 & |e(k)| \leqslant B \\ \dfrac{A - |e(k)| + B}{A} & B < |e(k)| \leqslant A + B \\ 0 & |e(k)| > A + B \end{cases} \tag{3-11}$$

其中，以 A，B 为积分区间。变速积分 PID 算法为

$$u(k) = K_p e(k) + K_i u_i(k) T + \frac{K_d[e(k) - e(k-1)]}{T} \tag{3-12}$$

其中，$u_i(k) = \displaystyle\sum_{j=0}^{k-1} e(j) + f[e(k)]e(k)$。

$f[e(k)]$ 的值在 $[0,1]$ 区间内变化，当偏差 $|e(k)|$ 大于所给分离区间 $(A+B)$ 后，$f[e(k)] = 0$，不再对当前偏差 $e(k)$ 进行继续累加；当偏差 $|e(k)|$ 小于 B 时，加入当前值 $e(k)$，即积分项变为

$$u_i = K_i \sum_{i=0}^{k} e(i) T \tag{3-13}$$

与一般 PID 积分项相同，积分达到最高速；而当偏差在 B 到 $(A+B)$ 之间时，累积记入的是部分当前值，其值在 0 和 $|e(k)|$ 之间，随 $|e(k)|$ 的变化而变化，其速度在 $K_i \displaystyle\sum_{i=0}^{k-1} e(i) T$ 与 $K_i \displaystyle\sum_{i=0}^{k} e(i) T$ 之间。

变速积分 PID 算法为

$$u(k) = K_p e(k) + K_i \left\{ \sum_{i=0}^{k-1} e(i) + f\left[e(k)\right]e(k) \right\} T + K_d \left[e(k) - e(k-1)\right] \tag{3-14}$$

这种算法对 A、B 两个参数的要求不精确，参数整定较容易。实际使用中，A、B 的值可做一次性整定，A、B 的值选得越大，变速积分对积分饱和抑制作用就越弱，反之则越强。一般来说，最好取 $A = 30\%|e(k)|_{\min}$，$B = 20\%|e(k)|_{\min}$ 为宜。

以恒压供水系统为例，$G(s) = \dfrac{\mathrm{e}^{-80s}}{(s+1)(2s+1)(5s+1)}$，采样时间为 20s，延迟时间为 4 个采样时间，即 80s，取 $K_p = 0.45$，$K_d = 12$，$K_i = 0.0048$，$A = 0.4$，$B = 0.6$。变速积分 PID 控制仿真结果如图 3-12 所示，普通 PID 控制仿真结果如图 3-13 所示。

与积分分离 PID 控制算法相比较可以得出，积分分离算法的上升时间较短，而变速积分算法用比例消除大误差，用积分消除小误差，可消除积分分离现象，各参数容易整定，调节时间较短，最大超调量较小，振荡次数较少。

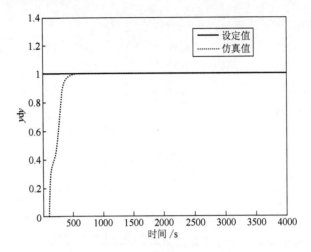

图 3-12　变速积分 PID 控制仿真结果

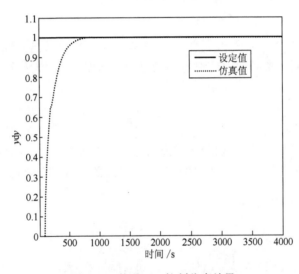

图 3-13　普通 PID 控制仿真结果

3.2.3　不完全微分 PID 控制算法在多段闭环控制设定中的应用

在有些 PID 控制中，经常需要有多段闭环设定值数据的场合，比如恒压供水控制系统中，可以设置不同时段的供水压力信号值，以保证该时段用户的需求。图 3-14 所示为多段闭环变频器控制示意图，将多功能输入端子 X1、X2、X3 设置为多段闭环设定值数据通道 1、多段闭环设定值数据通道 2、多段闭环设定值数据通道 3，即可在 X4 为 PID 切换有效的情况下得到 8 段不同的闭环设定数据（见表 3-2）。

当多段闭环设定发生很大跃变时，比例项和微分项计算出的控制增量可能较大，甚至越限，使得一部分增量信息没有执行，造成控制效果不理想，这就是比例和微分饱和。与积分饱和不同，比例和微分饱和的表现不是超调，而是动态过程变慢。

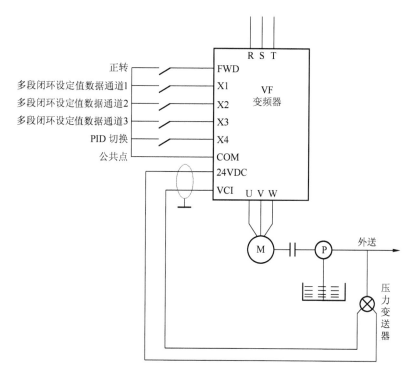

图 3-14　多段闭环变频器控制

表 3-2　多段闭环设定值数据

多功能输入端子 X3	多功能输入端子 X2	多功能输入端子 X1	频率设定值
OFF	OFF	OFF	常规闭环设定值数据
OFF	OFF	ON	多段闭环设定值数据 1
OFF	ON	OFF	多段闭环设定值数据 2
OFF	ON	ON	多段闭环设定值数据 3
ON	OFF	OFF	多段闭环设定值数据 4
ON	OFF	ON	多段闭环设定值数据 5
ON	ON	OFF	多段闭环设定值数据 6
ON	ON	ON	多段闭环设定值数据 7

　　抑制比例和微分饱和的办法之一是积累补偿法，其基本思想是把那些因饱和而未能执行的增量信息保存到累加器中，当控制量脱离饱和区之后，再补充执行。但是累加器有积分作用，可能造成积分饱和。

　　抑制比例和微分饱和的另一种办法是采用不完全微分，即将过大的控制量分多次执行，以避免出现饱和现象。采用不完全微分控制还可以增强系统对干扰的抑制能力。

　　微分作用的引入，主要是为了改善泵类控制系统的动态性能，使控制信号的相位超前，提高系统的相位裕度，增加系统的稳定性，提高系统的响应速度。但由于对于干扰特别敏感，同时也会放大系统噪声，从而导致系统控制过程振荡，降低了调节品质。

标准数字 PID 控制中的微分作用为

$$u_d(k) = \frac{T_d}{t}[e(k) - e(k-1)] \tag{3-15}$$

对应的 Z 变换为

$$U_d(z) = \frac{T_d}{T} E(z)(1 - z^{-1}) \tag{3-16}$$

当偏差为阶跃变化时，即 $e(k)$ 为单位阶跃函数时，有

$$E(z) = \frac{1}{1 - z^{-1}} \tag{3-17}$$

代入式（3-16）可得

$$U_d(z) = \frac{T_d}{T} \tag{3-18}$$

标准数字 PID 控制器的微分环节输出序列为

$$u_d(0) = \frac{T_d}{t}, u_d(1) = u_d(2) = \cdots = 0 \tag{3-19}$$

由式（3-19）可得，标准数字 PID 控制器只在第一个采样周期控制器的微分项有输出，后面的采样周期控制器微分项输出均为零。对于时间常数 T 较大的系统，几乎起不到微分作用，因而不能达到超前控制误差的目的。如果微分系数取的比较大，第一个采样周期微分项的输出很大，很容易造成计算机中数据的溢出，这样不利于系统的稳定，甚至系统会出现大幅振荡。为了克服上述缺点，通常在微分项上加入一阶惯性环节（低通滤波器）$\frac{1}{1+T_f s}$，其中 T_f 为滤波系数。

不完全微分 PID 控制结构图如图 3-15 所示。

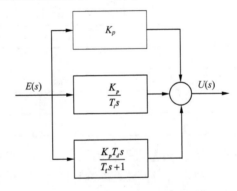

图 3-15 不完全微分 PID 控制结构图

其传递函数为

$$U(s) = \left(K_p + \frac{K_p}{T_i s} + \frac{K_p T_d s}{T_f s + 1} \right) E(s) = U_p(s) + U_i(s) + U_d(s)$$

将上式离散化为

$$u(k) = u_p(k) + u_i(k) + u_d(k)$$

$u_d(k)$ 的表达式为

$$u_d(s) = \frac{K_p T_d s}{T_f s + 1} E(s)$$

将其写成微分方程为

$$u_d(k) + T_f \frac{u_d(k) - u_d(k-1)}{T_s} = K_p T_d \frac{e(k) - e(k-1)}{T_s} \tag{3-20}$$

假设采样时间为 T_s，将上式离散化为

$$u_d(k) + T_f \frac{u_d(k) - u_d(k-1)}{T_s} = K_p T_d \frac{e(k) - e(k-1)}{T_s}$$

$$u_d(k) = \frac{T_f}{T_s + T_f} u_d(k-1) + K_p \frac{T_f}{T_s + T_f}[e(k) - e(k-1)]$$

令 $\alpha = \dfrac{T_f}{T_s + T_f}$，则有

$$u_d(k) = K_d(1-\alpha)[e(k) - e(k-1)] + \alpha u_d(k-1) \tag{3-21}$$

其中，$K_d = \dfrac{K_p T_d}{T_i}$。

标准 PID 控制为

$$u_d(k) = \frac{K_p T_d \big[e(k) - e(k-1)\big]}{T_i} \tag{3-22}$$

式（3-21）和式（3-22）对比可知，不完全微分 $u_d(k)$ 多了一项 $\alpha u_d(k-1)$，原来的微分系数由 K_d 降为 $K_d(1-\alpha)$。若输入为单位阶跃，$e(k) = \beta$，$k=0,1,2,\cdots$，则

$$u_d(0) = K_p \frac{T_s}{T_s + T_f} \beta$$

$$u_d(1) = \alpha u_d(0) = \alpha K_p \frac{T_s}{T_s + T_f} \beta$$

$$u_d(2) = \alpha u_d(1) = \alpha^2 K_p \frac{T_s}{T_s + T_f} \beta$$

$$\cdots$$

因为 $\alpha < 1$，则输出 $u_d(k)$ 是按照指数形式衰减的曲线，可以保证由于被控对象的滞后作用而起到超前调节的目的。

被控对象仍为原水泵站控制系统，其传递函数 $G(s) = \dfrac{\mathrm{e}^{-80s}}{s^2 + 5s + 1}$，在对象的输出端加幅值为 0.01 的随机信号。采样周期为 20ms。采用不完全微分算法，$K_p = 0.3$，$K_i = 0.0055$，$T_d = 140$。所加的低通滤波器为 $Q(s) = \dfrac{1}{180s + 1}$。不完全微分 PID 控制仿真结果如图 3-16 所示，普通 PID 控制仿真结果如图 3-17 所示。

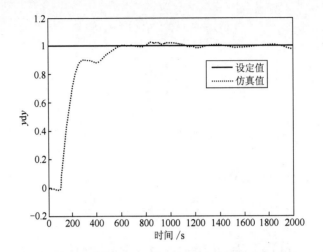

图 3-16　不完全微分 PID 控制仿真结果

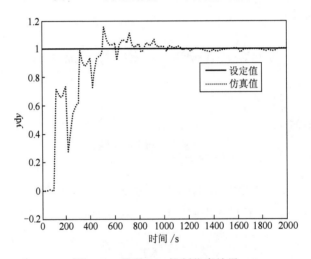

图 3-17　普通 PID 控制仿真结果

　　比较以上两图可得，普通 PID 控制的调节时间、超调量等都高于不完全微分 PID 控制系统，采用不完全微分 PID 控制能有效地克服偏差干扰带来的不良影响。在标准 PID 算式中，当有阶跃信号输入时，微分项输出急剧增加，容易引起调节过程的振荡，导致品质因数下降。而在不完全微分的 PID 算法中，其微分作用逐渐下降，微分输出信号按指数规律逐渐衰减到零，因而系统变化比较缓慢，不容易引起振荡。微分控制可以改善动态特性，如超调量减少，调节时间缩短，使稳态误差减少，提高控制精度。

3.3　锅炉给水泵液位模糊控制

3.3.1　碱回收锅炉概述

在化工厂中，碱回收锅炉可以将半浓黑液浓缩成高浓黑液，即可达 60%或 80%的程度，接着将它们送入回收锅中进行燃烧，将无机化学物质进行回收同时进行循环利用。此外，该锅炉也相应产生了可以利用汽轮发动机组的过热蒸汽，从而直接供热或发电。因此，碱回收锅炉既是反应器，也是动力锅炉。它的形式主要包括两种：一种是炉膛断面为方形或圆形的喷射炉；另外一种是由熔炉、余热锅炉、圆盘蒸发器、溶解槽等部分组成的转炉。

因为转炉的技术和装备落后，生产能力远远小于喷射炉，目前处于淘汰之列。这里重点介绍喷射炉，它包括燃烧用的固定立式炉膛、产生蒸汽的锅炉（见图 3-18），前者的中上部是燃烧室，底部为熔炉；而后者包括的部件为过热器、凝渣管、对流管和省煤器等。黑液是通过喷射炉炉膛的中下部后再喷入炉中的，经反应后炉膛内温度非常高，可为 1200℃左右，使黑液得以蒸发，并成为黑灰落在喷射炉的最底部，着火加热燃烧化学反应成 Na_2CO_3，之后被还原成为 Na_2S，最后经高温热变为熔融物，从喷射炉的最底部流入到溶解槽；同时燃烧过程中会产生一些烟气，经碱回收锅炉吸收热量后形成蒸汽，是可被进一步利用剩余的热量。表 3-3 所示为一种典型的单汽包碱回收锅炉的基本工作特性。

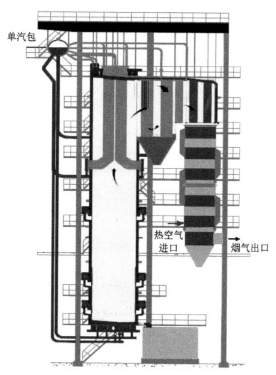

图 3-18　典型单汽包带空气预热器碱回收锅炉

表 3-3　典型单汽包碱回收锅炉的基本工作特性

锅炉类型	对应日处理的固形物量/($tD_s \cdot d^{-1}$)	出口蒸汽温度/°C	出口蒸汽压力/MPa	蒸汽出产量/($t \cdot h^{-1}$)
1	520	194	1.27	52
2	390	194	1.27	39
3	260	194	1.27	26
4	195	194	1.27	19.5
5	130	194	1.27	13
6	100	194	1.27	10

在碱回收锅炉中，反映该锅炉的运行负荷与给水量之间的平衡关系的量一般可以用汽包液位来表示。实际上与通常的锅炉也类似，液位这个物理量非常重要，无论过高或过低都会造成不必要的麻烦，过高容易造成蒸汽带水现象，导致很差的汽水分离现象出现；过低则会破坏碱回收锅炉的水循环，结果是水全部汽化，甚至锅炉发生爆炸等意外事故。因此，汽包液位的恒液位控制（或者按照一定变化趋势控制）是非常必要的。碱回收锅炉汽包液位系统结构如图 3-19 所示。

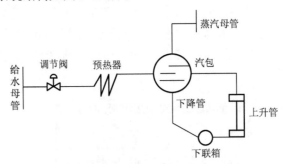

图 3-19　碱回收锅炉汽包液位系统结构

3.3.2　汽包液位在给水流量作用下的动态特性

在热工仪表及其控制工程中，常见的是用常系数线性微分方程来描述并求解微分方程后得到系统的动态特性。碱回收锅炉汽包液位的动态特性方程，根据文献简化推导为

$$T_1 T_2 \frac{d^2 h}{dt^2} + T_1 \frac{dh}{dt} = \left(T_w \frac{dv_w}{dt} + K_w V_w \right) - \left(T_D \frac{dv_D}{dt} + K_D V_D \right) \tag{3-23}$$

其中，T_1、T_2 为时间常数；T_w 为给水流量项时间常数；T_D 为蒸汽流量项时间常数；K_w 为放大系数，通常与碱回收锅炉的给水流量成正比；T_D 为放大系数，通常与蒸汽流量项成正比。同时，V_D、V_w 的式子如下：

$$\begin{cases} V_D = \Delta D / D_{\max} \\ V_w = \Delta W / D_{\max} \end{cases} \tag{3-24}$$

其中，ΔD 为碱回收锅炉的蒸汽流量变化量；$D_{\max}$ 为碱回收锅炉的蒸汽流量；ΔW 为碱回收锅炉给水流量变化量。

经过长期实践发现，如果只考虑到主扰动，即蒸汽流量与给水流量，则碱回收锅炉的液位动态特性式可表示为

$$T_1 T_2 \frac{\mathrm{d}^2 h}{\mathrm{d}t^2} + T_1 \frac{\mathrm{d}h}{\mathrm{d}t} = T_w \frac{\mathrm{d}v_w}{\mathrm{d}t} + K_w V_w \qquad (3\text{-}25)$$

对式（3-25）进行拉普拉斯变换，并忽略工程中较小的 T_w，同时实践中也发现碱回收锅炉的汽包液位在较长一段时间里不会随给水量的增加而增加。所以，在给水流量作用下的碱回收锅炉汽包液位动态数学模型为

$$G_w(s) = \frac{H(s)}{V_w(s)} = \frac{K}{s(1 + T_a s)} \qquad (3\text{-}26)$$

根据锅炉现场数据的采集和数据的分析处理，最终将式（3-26）进一步简化为

$$G_w(s) = \frac{0.035}{30s^2 + s} \qquad (3\text{-}27)$$

在外扰动因素影响下，碱回收锅炉的汽包液位调节对象的动态特性方程为

$$T_1 T_2 \frac{\mathrm{d}^2 h}{\mathrm{d}t^2} + T_1 \frac{\mathrm{d}h}{\mathrm{d}t} = \left(T_w \frac{\mathrm{d}v_w}{\mathrm{d}t} + K_w V_w \right) - \left(T_D \frac{\mathrm{d}v_D}{\mathrm{d}t} + K_D V_D \right) \qquad (3\text{-}28)$$

同样进行拉普拉斯变换，同时设 $K = (K_D T_2 - T_D)/T_1$、$T = T_1/K_D$，式（3-28）变成

$$G_D(s) = \frac{H(s)}{V_D(s)} = \frac{K}{T_2 s + 1} - \frac{1}{Ts} \qquad (3\text{-}29)$$

与式（3-27）的处理机制相同，也可以将式（3-29）进一步简化为

$$G_D(s) = \frac{3.6}{1 + 15s} - \frac{0.037}{s} \qquad (3\text{-}30)$$

在碱回收锅炉运行过程中，经常会产生"虚假液位"现象。经研究发现，一旦蒸汽负荷发生突变，尤其是突然增大时，该炉内的压力就在短时间内出现下降，此时碱回收锅炉内的水急剧沸腾，导致汽包液位出现上升现象，即"虚假液位"。

为应对"虚假液位"现象，需要"对症下药"，以下是最常用的纠正方法，其目的不是单纯的单回路控制，而是适当增加控制回路（见图 3-20），以消除由于其他因素带来的扰动误差。

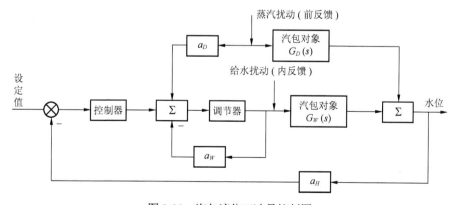

图 3-20 汽包液位三冲量控制图

在图 3-20 中，采用碱回收锅炉的三冲量调节控制系统，即在原先的汽包液位主调

节回路的基础上，引入作为前馈信号的蒸汽流量和作为串级副回路测量信号的给水流量两个辅助参数。a_D、a_W、a_H 分别为蒸汽流量传感器的转换常数、给水流量传感器的转换常数、差压传感器的的转换常数。

3.3.3 碱回收锅炉汽包液位模糊 PID 控制

在碱回收锅炉的汽包液位控制中，如何选择性能良好的控制器一直是摆在用户和设计者面前的一道难题。以前是传统的 PID 控制占主要地位，本节将模糊 PID 控制引入碱回收锅炉的应用中。因为对于普通的锅炉来说，这两者的结合已经有了一定的基础，而在碱回收锅炉中，对于传统控制来说也是一种新的选择（见图 3-21）。

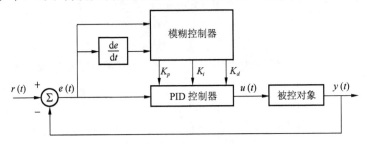

图 3-21　模糊 PID 控制器系统结构

由图 3-21 可知，模糊控制器是核心部件，其输入有两个，即误差 e 和误差变化率 $\dfrac{\mathrm{d}e}{\mathrm{d}t}$（也可以被看作是 ec），输出则是对于传统 PID 来说都必须具备的 K_p、K_i、K_d。

模糊 PID 控制在汽包液位控制的文献中有所提及，但是在实际的碱回收锅炉工业应用中却很少用到。

1. 语言变量模糊化

在碱回收锅炉中的液位控制器中，作为一个常见的二维模糊控制器，可以用误差 e、误差变化率 ec 来作为输入变量，同时可以将控制变化作为输出变量。此时，造纸厂工艺人员应该根据实际操作经验和运行步骤，建立合适的模糊控制表，最后可以得出三个 PID 参数 K_p、K_i、K_d 的 3 个调整值，即 ΔK_p、ΔK_i、ΔK_d。

经过实践，选取输入语言变量为液位误差 e 和液位误差变化率 ec，输出语言变量为 K_p、K_i、K_d，输入输出的论域都为（−3，+3），模糊子集则为：（负大→NB，负中→NM，负小→NS，零→ZO，正小→PS，正中→PM，正大→PB）。

2. 模糊 PID 控制规则

模糊 PID 控制规则是碱回收锅炉的汽包液位控制效果好坏的根本因素，因此必须根据多次操作参数与反馈，进行综合判断，具体包括：

1）当误差信号 e 较大时，可取较大的 K_p 比例系数，这时碱回收锅炉的响应速度必然加快系统。当然 K_p 不能过大，否则就会致使汽包液位控制系统不稳定。

2）当误差信号 e 处于中等大小时，要使系统响应的超调略小点，此时就应该选择

较小的 K_p 比例系数和恰当取值的 K_d 微分系数。

　　3）当误差信号 e 较小时，取较大的 K_p 比例系数和 K_i 积分系数能够让碱回收锅炉的汽包液位控制系统保持良好的稳态性能，而 K_d 微分系数的取值一旦恰当就可以完全避免该系统在平衡点出现不必要的振荡。

　　基于以上总结出的输入变量 e 与三个输出变量 K_p、K_i、K_d 间的定性关系，同时考虑误差变化率 ec 的影响，就可以综合得出表 3-4～表 3-6 的各 49 条模糊规则。

表 3-4　K_p 的模糊控制规则

K_p		e						
		NB	NM	NS	ZO	PS	PM	PB
ec	NB	PB	PB	PM	PM	PS	ZO	ZO
	NM	PB	PB	PM	PS	PS	ZO	NS
	NS	PM	PM	PM	PS	ZO	NS	NS
	ZO	PM	PM	PS	ZO	NS	NM	NM
	PS	PS	PS	ZO	NS	NS	NM	NM
	PM	PS	ZO	NS	NM	NM	NM	NB
	PB	ZO	ZO	NM	NM	NM	NB	NB

表 3-5　K_i 的模糊控制规则

K_i		e						
		NB	NM	NS	ZO	PS	PM	PB
ec	NB	NB	ZO	NM	NM	NS	ZO	ZO
	NM	NB	ZO	NM	NS	NS	ZO	ZO
	NS	NM	NM	NS	NS	ZO	PS	PS
	ZO	NM	NM	NS	ZO	PS	PM	PM
	PS	NM	NS	ZO	PS	PS	PM	PB
	PM	ZO	ZO	PS	PS	PM	PB	PB
	PB	ZO	ZO	PS	PM	PM	PB	PB

表 3-6　K_d 的模糊控制规则

K_d		e						
		NB	NM	NB	ZO	PS	PM	PB
ec	NB	PS	NS	NB	NB	NB	NM	PS
	NM	PS	NS	NB	NM	NM	NS	ZO
	NS	ZO	NS	NM	NM	NS	NS	ZO

续表

K_d		e						
		NB	NM	NB	ZO	PS	PM	PB
ec	ZO	ZO	NS	NS	NS	NS	NS	ZO
	PS	ZO	ZO	ZO	ZO	ZO	ZO	ZO
	PM	PB	PS	PS	PS	PS	PS	PB
	PB	PB	PM	PM	PM	PM	PS	PB

在碱回收炉液位模糊控制器的控制规则选取时，同样要注意：当误差较大时，首先应当减小误差；而当误差较小时，则更需要对系统的稳定性进行充分考虑，以免系统出现意外的振荡。而在实际运行过程中（尤其是碱回收过程刚刚开始的时候），开始时取较小的 K_d 微分系数，可以防止液位控制系统引起可能的超范围控制作用。

3. 碱回收锅炉液位的传统 PID 控制设计

在碱回收锅炉中，液位给定值为 $r(t)$、实际液位回馈值为 $y(t)$，这两者就构成液位偏差 $e(t)$，通过偏差可以计算出 PID 控制器的输出 $u(t)$，其计算公式如下：

$$e(t)=r(t)-y(t)$$

$$u(t) = K_p\left[e(t) + \frac{1}{T_i}\int_0^t e(t)\mathrm{d}t + T_d\frac{\mathrm{d}e(t)}{\mathrm{d}t} \right] \tag{3-31}$$

图 3-22 所示为传统 PID 控制系统，其中的 Transfer Function 是锅炉汽包液位的传递函数，PID Controller 是个封装的子系统，内部结构如图 3-23 所示。在图 3-22 中的 Scope 中，通过仿真，就可以获得碱回收锅炉的液位 PID 控制的运行结果，如图 3-24 所示。

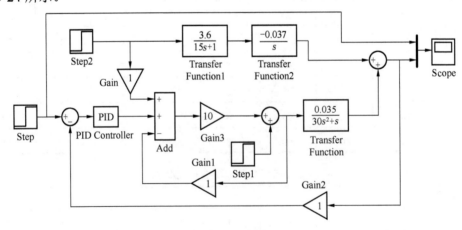

图 3-22 传统 PID 控制系统

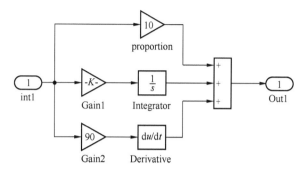

图 3-23 PID Controller 内部结构

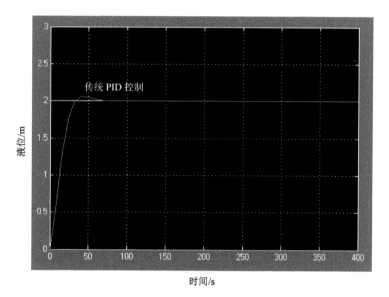

时间/s

图 3-24 传统 PID 控制系统仿真结果

4. 在 Simulink 中建立模糊 PID 控制系统

将积分器 Integrator、模糊控制器 Fuzzy Logic Controller、增益 Gain 元件、阶跃 Step 等元件用导线连接成一个碱回收锅炉的液位模糊 PID 控制系统,如图 3-25 所示。在 Fuzzy Logic Controller 模块中的 parameters,分别输入 DKP1、DKI1、DKD1,在 MATLAB 的命令窗口中输入以下三条命令:`DKP1=readfis('DKP1')`;`DKI1=readfis('DKI1')`;`DKD1=readfis('DKD1')`。将 FIS 数据与 Simulink 进行对接,以此完成模糊 PID 控制的仿真。

传统 PID 控制跟模糊 PID 控制的仿真结果比较如图 3-26 所示。

在图 3-26 中,碱回收锅炉的汽包液位模糊 PID 控制效果显然更佳,具体表现为:响应速度更快、调节时间更短、超调量更小,系统的动态性也得到大大改善,对被控对象特性参数变化更加不敏感,而且对扰动的克服效果更好(包括蒸汽流量扰动)。

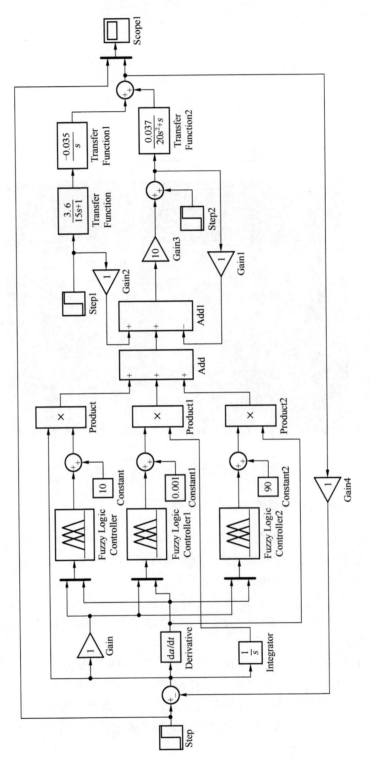

图 3-25　模糊 PID 控制系统

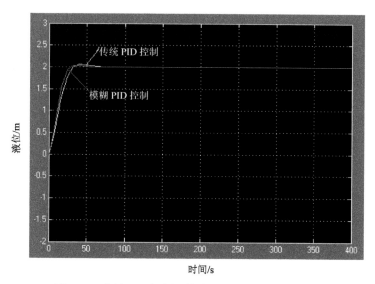

图 3-26　传统 PID 控制与模糊 PID 控制仿真的比较结果

5. 汽包液位模糊 PID 控制

图 3-27 所示为碱回收锅炉汽包液位模糊 PID 控制示意图。其中，变频器模糊 PID 控制板负责将液位信号经过 FPL 文件输出 PWM 信号给变频器驱动板。

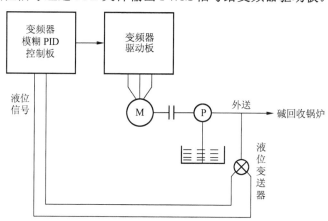

图 3-27　碱回收锅炉汽包液位模糊 PID 控制

碱回收锅炉液位 PID 控制的变频器 FPL 文件如下：

```
/* FuzzyControl++ / FPL-File */
PROJECT
/* 以下是 E 变量的定义 */
  VAR E
    TYPE float
    MIN -3.000
    MAX  3.000
```

```
    MEMBER NB
        POINTS -3.000, 1.0 -3.000, 1.0 -2.000, 0.0
    END
    MEMBER NS
        POINTS -2.000, 0.0 -1.000, 1.0 -1.000, 1.0  0.000, 0.0
    END
    MEMBER ZO
        POINTS -1.000, 0.0  0.000, 1.0  0.000, 1.0  1.000, 0.0
    END
    MEMBER PS
        POINTS  0.000, 0.0  1.000, 1.0  1.000, 1.0  2.000, 0.0
    END
    MEMBER PM
        POINTS  1.000, 0.0  2.000, 1.0  2.000, 1.0  3.000, 0.0
    END
    MEMBER NM
        POINTS -3.000, 0.0 -2.000, 1.0 -2.000, 1.0 -1.000, 0.0
    END
    MEMBER PB
        POINTS  2.000, 0.0  3.000, 1.0  3.000, 1.0
    END
END
/* 以下是 EC 的变量，同上，这里省略 */
    VAR EC
        TYPE float
        MIN  -3.000
        MAX   3.000
        MEMBER NB
            POINTS -3.000, 1.0 -3.000, 1.0 -2.000, 0.0
        END

......
/* 以下是 kp 的变量，这里部分省略 */
    VAR kp
        TYPE float
        MIN  -3.000
        MAX   3.000
        IMPL0  0.000000e+000
        MEMBER NB
            POINTS -3.000
        END
        MEMBER NM
            POINTS -2.000
```

```
            END
/*这里部分省略，主要是 49 条规则，格式基本雷同，不再赘述 */
    FUZZY ProFuzzy
        RULE Regel_01
            IF (E IS NB) AND (EC IS NB) THEN
                kp = PB
        END
        RULE Regel_02
            IF (E IS NM) AND (EC IS NB) THEN
                kp = PB
        END
......
        RULE Regel_49
            IF (E IS PB) AND (EC IS PB) THEN
                kp = NB
        END
    END
    CONNECT
        FROM E
        TO ProFuzzy
    END
    CONNECT
        FROM EC
        TO ProFuzzy
    END
    CONNECT
        FROM ProFuzzy
        TO kp
    END
END
```

图 3-28 所示为两种运行模式下的碱回收锅炉汽包液位监控曲线对比图，显然运行模糊 PID 控制后，其效果更明显。

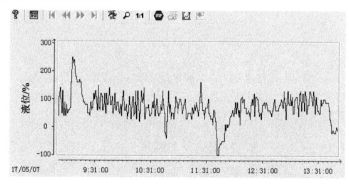

（a）运行传统 PID（2017 年 5 月 7 日）时的液位监控曲线

图 3-28　传统 PID 控制与模糊 PID 控制的工程测试对比

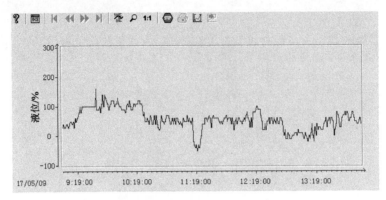

（b）运行模糊 PID（2017 年 5 月 9 日）时的液位监控曲线

图 3-28（续）

3.4 基于模糊神经网络 PID 的水泵流量控制

3.4.1 水泵流量控制系统分析

水泵流量控制系统原理图如图 3-29 所示。按照生产的要求，一般设计成定值控制系统，要求流量稳定在某个值，根据较快、较稳、较准和抗干扰性强的性能要求，采用模糊 PID 控制规律，对自来水厂用泵将水打入水槽（泵 1 和泵 2 同时用）进行控制，以备下一道工艺生产需要，从而满足生产要求。

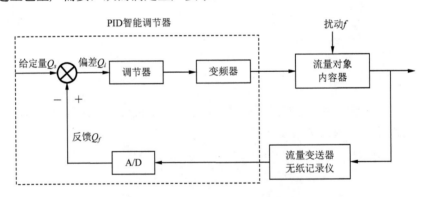

图 3-29 水泵流量控制系统原理图

3.4.2 模糊 PID 控制面临的问题

模糊 PID 控制是利用当前的控制偏差和偏差变化率，结合被控过程动态特性的变化，以及针对具体过程的实际经验，根据一定的控制要求或目标函数，通过模糊规则推理，对 PID 控制器的三个参数进行在线调整。基于模糊控制的 PID 控制器的结构图如图 3-30 所示。

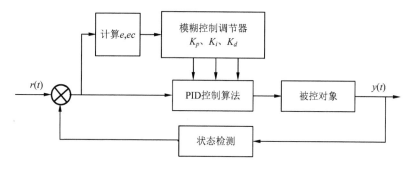

图 3-30　模糊 PID 控制器结构图

根据实际情况，把 e、ec、K_p、K_i、K_d 的论域划分为 7 个等级，即为

$$e=\{-3,-2,-1,0,1,2,3\}$$
$$ec=\{-3,-2,-1,0,1,2,3\}$$
$$K_p=\{-0.3,-0.2,-0.1,0,0.1,0.2,0.3\}$$
$$K_i=\{-0.06,-0.04,-0.02,0,0.02,0.04,0.06\}$$
$$K_d=\{-0.3,-0.2,-0.1,0,0.1,0.2,0.3\}$$

定义 e、ec 为输入，K_p、K_i、K_d 为输出，选用三角形函数作为输入输出的隶属函数。利用模糊控制规则以及输入输出量的隶属函数，可求得该双输入单输出模糊控制器的模糊关系为

$$R_p=\bigcup_{i,j}(e_i\times ec_j\times K_{p,ij})$$
$$R_i=\bigcup_{i,j}(e_i\times ec_j\times K_{i,ij})$$
$$R_d=\bigcup_{i,j}(e_i\times ec_j\times K_{d,ij})$$

求得模糊推理关系 R_p、R_i、R_d 后，运用模糊集合的合成运算，可以推得相对于输入信号的输出模糊信号：

$$\Delta K_p=(e\times ec)\times R_p$$
$$\Delta K_i=(e\times ec)\times R_i$$
$$\Delta K_d=(e\times ec)\times R_d$$

模糊控制器输出的是一个模糊集合，采用最大隶属度法去模糊化，判决出一个精确度控制量。

定义误差 e 和误差变化率 ec 的量化因子、比例因子都为 1，经 MATLAB 仿真结果如图 3-31 所示。

从仿真结果可以看出，模糊 PID 可以实现水泵流量的控制。然而事实上模糊控制规则完全是凭操作者的经验或专家知识获取的，一方面不能保证规则的最优或次最优，达到最佳控制；另一方面在控制过程中，本系统的外界突加干扰比较严重，参数大幅度变化，总结的经验和规则不够等，这些因素都会严重影响控制质量；最重要的一点就是量化因子和比例因子值的选取对控制性能影响很大，准确选取这二者的值也是一大难点所在。

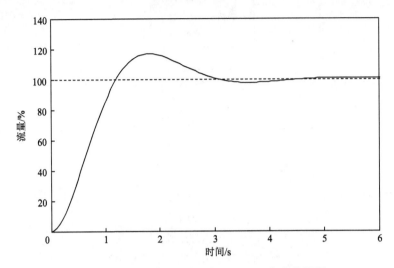

图 3-31　模糊 PID 控制 MATLAB 仿真曲线图

3.4.3　BP 神经网络 PID 控制面临的问题

　　BP 神经网络 PID 控制是一种较新颖的神经网络 PID 控制方式，这种控制方式在结构上不再明显包含 PID 控制，而是将神经网络和 PID 控制规律融为一体，将误差信号的比例、积分、微分运算和 PID 参数的自适应整定在一个前向神经网络中完成。BP 神经网络 PID 控制主要利用了神经网络的非线性映射能力和自适应能力。

　　BP 神经网络 PID 控制器结构图如图 3-32 所示，控制器由两部分组成：①参数可调的 PID 控制器，直接对被控对象进行闭环控制；②BP 神经网络 NN，根据系统的运行状态，实现自适应算法，调节 PID 控制器的参数，以达到某种性能指标的最优化要求。

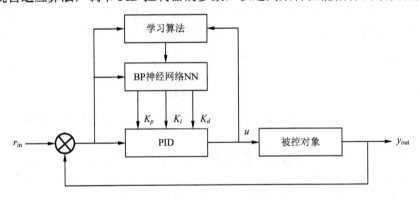

图 3-32　BP 神经网络 PID 控制器结构图

　　经典增量式数字 PID 的控制算式为

$$u(k) = u(k-1) + K_p[e(k) - e(k-1)] + K_i e(k) + K_d[e(k) - 2e(k-1) + e(k-2)] \qquad (3-32)$$

将 K_p、K_i、K_d 视为依赖于系统运行状态的可调系数时，可将式（3-32）描述为

$$u(k) = f[u(k-1), K_p, K_i, K_d, e(k), e(k-1), e(k-2)] \qquad (3-33)$$

其中，$f(\cdot)$ 是与 K_p、K_i、K_d、$u(k-1)$、$e(k)$ 等有关的非线性函数，可以用 BP 神经网络通过训练和学习得到一个最佳控制规律。

设 BP 神经网络 NN 采用三层 BP 结构，其结构如图 3-33 所示，它有 m 个输入节点，q 个隐含节点，3 个输出节点。输入变量的个数 m 取决于被控系统的复杂程度。输出节点分别对应 PID 控制器的三个参数 K_p、K_i、K_d，由于 K_p、K_i、K_d 不能为负，所以输出层神经元活化函数取非负的 Sigmoid 函数。

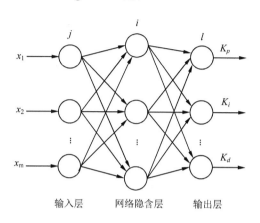

图 3-33　BP 神经网络结构图

由图 3-33 可得，网络隐含层的输入为
$$o_j^{(1)} = x(j) \quad (j = 1,2,\cdots,m)$$
网络隐含层的输出为

$$\text{net}_i^{(2)}(k) = \sum_{j=0}^{m} w_{ij}^{(2)} o_j^{(1)}$$

$$o_i^{(2)}(k) = f(\text{net}_i^{(2)}(k)) \quad (i = 1,2,\cdots,q)$$

其中，$\{w_{ij}^{(2)}\}$ 为隐含层加权系数，分别代表输入层、隐含层、输出层，$f(x)$ 为双曲正切函数，即 $f(x) = (\mathrm{e}^x - \mathrm{e}^{-x})/(\mathrm{e}^x + \mathrm{e}^{-x})$。

最后，网络输出层三个节点的输入、输出分别为

$$\text{net}_l^{(3)}(k) = \sum_{i=0}^{q} w_{li}^{(3)} o_i^{(2)}(k) \tag{3-34}$$

$$o_l^{(3)}(k) = g(\text{net}_l^{(3)}(k)) \quad (l = 1,2,3) \tag{3-35}$$

即

$$\begin{cases} o_1^{(3)}(k) = K_p \\ o_2^{(3)}(k) = K_i \\ o_3^{(3)}(k) = K_d \end{cases} \tag{3-36}$$

其中，$w_{li}^{(3)}$ 为输出层加权系数，输出层神经元活化函数取为非负的 Sigmoid 函数
$g(x) = \mathrm{e}^x/(\mathrm{e}^x + \mathrm{e}^{-x})$。

取性能指标函数

$$E(k) = \frac{1}{2}[r_{in}(k) - y_{out}(k)]^2 \qquad (3\text{-}37)$$

按照梯度下降法修正网络的权系数，即按 $E(k)$ 对加权系数的负梯度方向搜索调整，并使搜索快速收敛全局极小的惯性项，则有

$$\Delta w_{li}^{(3)}(k) = -\eta \frac{\partial E(k)}{\partial w_{li}^{(3)}} + \gamma \Delta w_{li}^{(3)}(k-1) \qquad (3\text{-}38)$$

其中，η 为学习速率，γ 为惯性系数。而

$$\frac{\partial E(k)}{\partial w_{li}^{(3)}} = \frac{\partial E(k)}{\partial y(k)} \frac{\partial y(k)}{\partial u(k)} \frac{\partial u(k)}{\partial o_l^{(3)}(k)} \frac{\partial o_l^{(3)}(k)}{\partial net_l^{(3)}(k)} \frac{\partial net_l^{(3)}(k)}{\partial w_{li}^{(3)}} \qquad (3\text{-}39)$$

这里需要用到变量 $\partial y(k)/\partial u(k)$，由于 $\partial y(k)/\partial u(k)$ 未知，所以近似用符号函数来取代，由此带来计算不精确的影响可以通过调整学习速率 η 来补偿。

由式（3-34）得

$$\begin{cases} \dfrac{\partial u(k)}{\partial o_1^{(3)}(k)} = e(k) - e(k-1) \\[2mm] \dfrac{\partial u(k)}{\partial o_2^{(3)}(k)} = e(k) \\[2mm] \dfrac{\partial u(k)}{\partial o_3^{(3)}(k)} = e(k) - 2e(k-1) + e(k-2) \end{cases} \qquad (3\text{-}40)$$

可得 BP 神经网络输出层权计算公式为

$$\Delta w_{li}^{(3)}(k) = \eta \delta_l^{(3)} o_i^{(2)}(k) + \gamma \Delta w_{li}^{(3)}(k-1) \qquad (3\text{-}41)$$

$$\delta_l^{(3)} = e(k) \frac{\partial \hat{y}(k)}{\partial u(k)} \frac{\partial u(k)}{\partial o_l^{(3)}(k)} g'(net_l^{(3)}(k)) \quad (l = 1,2,3) \qquad (3\text{-}42)$$

同理可得隐含层权系数计算公式为

$$\Delta w_{ij}^{(2)}(k) = \eta \delta_i^{(2)} o_j^{(1)}(k) + \gamma \Delta w_{li}^{(2)}(k-1) \qquad (3\text{-}43)$$

$$\delta_i^{(2)} = f'(net_i^{(2)}(k)) \sum_{l=1}^{3} \delta_l^{(3)} w_{li}^{(3)}(k) \quad (i = 1,2,\cdots,q) \qquad (3\text{-}44)$$

基于 BP 神经网络的 PID 控制器控制算法归纳如下：

1）确定 BP 神经网络结构，即确定输入层节点及数目 m、隐含层数目 q，并给出各层权系数的初值 $w_{li}^{(2)}(0)$ 和 $w_{li}^{(3)}(0)$、选定学习率 η、惯性系数 γ，此时 $k=1$。

2）采样得到 $r_{in}(k)$、$y_{out}(k)$，计算该时刻误差 $e(k) = r_{in}(k) - y_{out}(k)$。

3）计算 BP 神经网络 NN 各层神经元的输入、输出，NN 输出层的输出即为 PID 控制器的三个可调参数 K_p、K_i、K_d。

4）计算 PID 控制器的输出 $u(k)$。

5）进行神经网络学习，在线调整加权系数 $w_{li}^{(2)}(k)$ 和 $w_{li}^{(3)}(k)$；实现 PID 控制参数的自适应调整。

6）置 $k=k+1$，返回到 1）。

其算法流程图如图 3-34 所示。

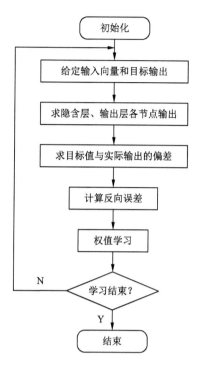

图 3-34　BP 网络算法流程图

由于 K_p、K_i、K_d 不能为负值，故取变换函数为 $g(x) = \dfrac{1}{2}[1 + \tan h(x)]$。选择性能指标函数为 $J(x) = \dfrac{1}{2}[r(k+1) - y(k+1)]^2 = \dfrac{1}{2}e^2(k+1)$。按照梯度下降法修正网络权值系数 $w(k)$，即沿着 $J(k)$ 对 $w_i(k)$ 的负梯度方向搜索调整，从而可以加快 BP 算法的收敛速度。最终求得隐含层调节规律为

$$\Delta w_{ij}^{(2)}(k) = \eta \delta_i^{(2)}(k) o_j^{(1)}(k) + \alpha \Delta w_{ij}^{(2)}(k-1) \tag{3-45}$$

其 MATLAB 仿真结果如图 3-35 所示。

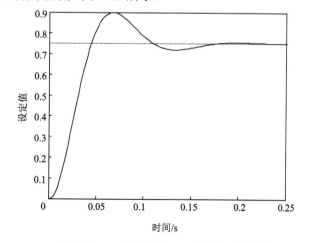

图 3-35　BP 神经网络 PID 控制仿真曲线图

仿真结果表明基于 BP 神经网络的 PID 控制器能较好地实现对流量控制系统的控制，表现出良好的动态特性，系统基本无超调。然而由于神经网络算法的复杂性，导致系统响应速度相对较慢，从而延长了系统到达稳定状态的时间，势必给水厂生产带来不利。

3.4.4　模糊神经网络 PID 控制的解决思路

通过分析模糊 PID 和 BP 神经网络 PID 控制器在流量控制系统中的应用，可以知道：模糊 PID 控制器通过模糊规则实现对 K_p、K_i、K_d 三个参数的在线调整，然而模糊控制规则都是凭操作经验或者专家知识获取，量化因子和比例因子严重影响模糊 PID 控制器的响应特性，只有在二者的值合适的情况下才能取得良好的控制效果；BP 神经网络 PID 控制器利用神经网络的非线性映射能力和自适应能力，可以不用考虑量化因子与比例因子，但是因为神经网络的优越性导致算法的复杂化，所以使系统响应速度变慢，降低了控制品质。基于以上分析，将二者融为一体，提出了基于模糊神经网络的 PID 控制器。用神经网络表示模糊系统，使构造的网络结构有了依据；又可以根据模糊推理规则的形式，利用神经网络的学习能力进行复杂的模糊推理，使其具有运算速度快的优点。模糊神经网络 PID 控制器结构图如图 3-36 所示。

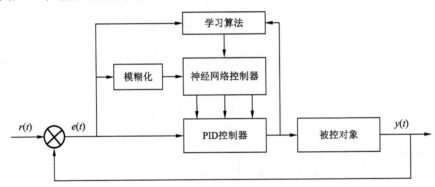

图 3-36　模糊神经网络 PID 控制器结构图

模糊神经网络 PID 控制的过程可以分为以下几步：

1）确定输入量 x。本系统输入采用的是误差 e，依据模糊 PID 控制部分的分析，将 e 划分为五个区域，即 $e=\{-2,-1,0,1,2\}$，分别用 e_1、e_2、e_3、e_4、e_5 表示。

2）经隐函数层的神经元活化函数得出网络输出层的输入，这里隐含层神经元活化函数可取正负对称的 Sigmoid 函数 $g(s)=\dfrac{1-e^{-sj}}{1+e^{-sj}}$。

3）根据 2）再由网络输出层神经元活化函数得出输出值。系统输入输出确定的被控对象无非就是 K_p、K_i、K_d 这三个变量，对应了神经网络 PID 控制的输出。由于 K_p、K_i、K_d 不能为负值，所以输出层神经元活化函数取非负的 Sigmoid 函数 $f(sj)=\dfrac{1}{1+e^{-sj}}$。

模糊神经网络 PID 控制的 MATLAB 仿真结果如图 3-37 所示。

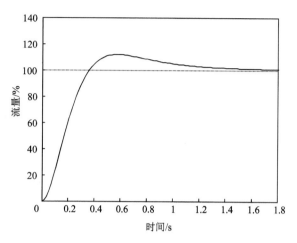

图 3-37　模糊神经网络 PID 控制仿真曲线图

从仿真结果可得，基于模糊神经网络 PID 控制器的流量控制系统响应速度快，稳定性高，超调量小，显示了较强的鲁棒性和抗干扰能力。

3.5　基于 PSO-PID 的自动加药泵变频控制

3.5.1　净水加药自动控制系统概述

图 3-38 所示的净水自动加药控制器是用来为净水提供加药的动力设备。净水加药计量泵无论是柱（活）塞式，还是隔膜式，都是容积往复式泵。它的工作过程为活塞在泵缸内作往复运动来吸入和排出液体。当活塞开始自极左端位置向右端移动时，工作室的容积逐渐扩大，室内压力降低，流体顶开吸水阀，进入活塞所让出的空间，直到活塞移动到极右端为止，此过程为泵的吸水过程。当活塞从右端开始向左端移动时，充满泵的流体受挤压，将吸水阀关闭，并打开压水阀将其排出，此过程为泵的压水过程。

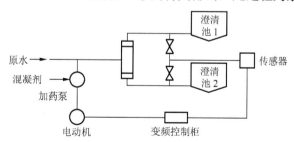

图 3-38　净水自动加药控制系统示意图

计量泵每一次的流体泵出量决定了其计量容量。在一定的有效隔膜面积下，泵的输出流体的体积流量正比于冲程长度 L 和冲程频率 F。在计量介质和工作压力确定的情况下，通过调节冲程长度 L 和冲程频率 F 可实现对计量泵输出的双维调节。

尽管冲程长度和冲程频率都可以作为调节变量，但在工程应用中一般将冲程长度视为粗调变量，冲程频率视为细调变量，调节冲程长度至一定值，然后通过改变冲程频率实现精细调节，增加调节的灵活性。在相对简单的应用场合，也可以手动设置冲程长度，仅将冲程频率作为调节变量，从而简化系统配置。相对而言实现冲程频率调节的方法比较实用，主要有变频电动机控制，经由0/4～20mA电流信号控制的变频调速器驱动计量泵电动机按所需速度运行，从而实现冲程频率的调节。

由于加药泵为往复式容积泵，不同于一般泵。泵电动机带偏心轮运转，电动机的负载变化较大。一旦变频器输出频率上升到一定值后，由于电动机转速的增加，其工作电流也增加，偏心轮惯性也增加。实际上偏心轮（泵）运行的每个周期，电动机活塞不断往复运动，泵的吸水与压水过程不断地交替进行，泵的驱动电动机交替工作在驱动（电动）和制动（发电）状态。

3.5.2 粒子群优化算法概述

粒子群优化（particle swarm optimization, PSO）算法是Kennedy和Eberhart受人工生命研究结果的启发、通过模拟鸟群觅食过程中的迁徙和群聚行为而提出的一种基于群体智能的全局随机搜索算法。它与其他进化算法一样，也是基于"种群"和"进化"的概念，通过个体间的协作与竞争，实现复杂空间最优解的搜索。

在PSO中，每个优化问题的潜在解都是搜索空间中的一只鸟，称之为粒子。所有的粒子都有一个由被优化函数决定的适值（fitness value），每个粒子还有一个速度，决定它们飞翔的方向和距离，然后粒子们就追随当前的最优粒子在解空间中搜索。

PSO初始化为一群随机粒子（随机解），然后通过迭代找到最优解。在每一次迭代中，粒子通过跟踪两个极值来更新自己：第一个就是粒子本身所找到的最优解，这个解称为个体极值；另一个极值是整个种群目前找到的最优解，这个极值是全局极值。另外，也可以不用整个种群而只是用其中一部分作为粒子的邻居，那么在所有邻居中的极值就是局部极值。

假设在一个D维的目标搜索空间中，由N个粒子组成一个群落，其中第i个粒子表示为一个D维的向量

$$X_i = (x_{i1}, x_{i2}, \cdots, x_{iD}), \ i = 1, 2, \cdots, N$$

第i个粒子的"飞行"速度也是一个D维的向量，记为

$$V_i = (v_{i1}, v_{i2}, \cdots, v_{iD}), \ i = 1, 2, \cdots, 3$$

第i个粒子迄今为止搜索到的最优位置称为个体极值，记为

$$p_{\text{best}} = (p_{i1}, p_{i2}, \cdots, p_{iD}), \ i = 1, 2, \cdots, N$$

整个粒子群迄今为止搜索到的最优位置为全局极值，记为

$$g_{\text{best}} = (p_{g1}, p_{g2}, \cdots, p_{gD})$$

在找到这两个最优值时，粒子根据式（3-46）和式（3-47）来更新自己的速度和位置：

$$v_{id} = w \times v_{id} + c_1 r_1 (p_{id} - x_{id}) + c_2 r_2 (p_{gd} - x_{id}) \tag{3-46}$$

$$x_{id} = x_{id} + v_{id} \tag{3-47}$$

其中，c_1和c_2为学习因子，也称加速常数（acceleration constant）；r_1和r_2为[0, 1]的均匀随机数。式（3-46）右边由三部分组成，第一部分为"惯性"或"动量"部分，反映

了粒子的运动"习惯"，代表粒子有维持自己先前速度的趋势；第二部分为"认知"部分，反映了粒子对自身历史经验的"记忆"或"回忆"，代表粒子有向自身历史最佳位置逼近的趋势；第三部分为"社会"部分，反映了粒子间协同合作与知识共享的群体历史经验，代表粒子有向群体或邻域历史最佳位置逼近的趋势。根据经验，通常 $i=1,2,\cdots,D$ ； v_{id} 是粒子的速度， $v_{id}\in[-v_{\max},v_{\max}]$ ， $v_{\max}$ 是常数，由用户设定，用来限制粒子的速度； r_1 和 r_2 是介于 $[0,1]$ 的随机数。

Yuhui Shi 提出了带有惯性权重的改进粒子群算法，其进化过程为

$$v_{ij}(t+1)=wv_{ij}(t)+c_1r_1(t)[p_{ij}(t)-x_{ij}(t)]+c_2r_2(t)[p_{gi}(t)-x_{ij}(t)] \tag{3-48}$$

$$x_{ij}(t+1)=x_{ij}(t)+v_{ij}(t+1) \tag{3-49}$$

在式（3-46）中，第一部分表示粒子先前的速度，用于保证算法的全局收敛性能；第二部分、第三部分则是使算法具有局部收敛能力。可以看出，式（3-48）中惯性权重 w 表示在多大程度上保留原来的速度。w 较大，全局收敛能力强，局部收敛能力弱；w 较小，局部收敛能力强，全局收敛能力弱。

式（3-48）简化为式（3-49），表明带惯性权重的粒子群算法是基本粒子群算法的扩展。实验结果表明，w 在 $[0.8,-1.2]$ 闭区间时，PSO 算法有更快的收敛速度，而当 $w>1.2$ 时，算法则易陷入局部极值。

全面学习 PSO（comprehensive learning particle swarm optimization，CLPSO）算法提出了一种既可以进行 D 维空间搜索、又能在不同维上选择不同学习对象的新的学习策略。与传统 PSO 只向自身历史最佳位置和邻域历史最佳位置学习不同，CLPSO 的每个粒子都随机地向自身或其他粒子学习，并且其每一维可以向不同的粒子学习；该学习策略使得每个粒子拥有更多的学习对象，可以在更大的潜在空间飞行，从而有利于全局搜索。CLPSO 的速度更新公式为

$$v_{ij}(t)=wv_{ij}(t-1)+\varphi r(p_{fi(j)},j)-x_{ij}(t-1) \tag{3-50}$$

其中，φ 为加速因子，r 为 $[0,1]$ 的均匀随机数，$f_i(j)$ 表示粒子 i 在第 j 维的学习对象，它通过下面的策略决定：产生 $[0,1]$ 的均匀随机数，如果 j 为随机数大于粒子 i 预先给定的学习概率 pc_i，则学习对象为自身历史最佳位置；否则，从种群内随机选取两个个体，按锦标赛选择（tournament selection）策略选出两者中最好的历史最佳位置作为学习对象。同时，为了确保粒子尽可能向好的对象学习而不把时间浪费在较差的对象上，上述学习对象选择过程设定一个更新间隔代数（refreshing gap），在此期间的学习对象保持上次选择的学习对象不变。

3.5.3 计量泵流量 PSO-PID 算法

工业生产过程的不同，控制目的也会不同，因此 PID 控制器参数在进行整定时，性能指标也往往根据特定要求而选择。常见的性能指标有两种：一种是基于系统闭环响应特性的单项性能指标，如衰减比、最大动态偏差、调节时间或振荡周期等；另一种是从起始时间点开始到稳定时间为止的整个响应曲线形态的误差性能指标。单项性能指标直观、简单并且意义明确，但是却难以准确衡量；误差性能指标比较精确，相比之下使用

起来却又比较麻烦。

常见的基于误差的性能指标如下：

1）绝对误差积分（IAE）性能指标

$$IAE = \int_0^\infty |e(t)| \, dt$$

2）平方误差积分（ISE）性能指标

$$ISE = \int_0^\infty e^2(t) \, dt$$

3）时间与误差平方乘积积分（ISTE）性能指标

$$ISTE = \int_0^\infty |te^2(t)| \, dt$$

按照不同的误差性能指标进行 PID 控制器参数整定，所得到的系统闭环控制效果也会不同。IAE 性能指标对小偏差的抑制能力比较强；ISE 性能指标着重于抑制过渡过程中大偏差的出现；ISTE 性能指标在缩短调节时间的同时还可控制大偏差。

在图 3-39 所示的 PSO-PID 控制器中，采用的粒子群算法为

$$v_{id}^{k+1} = w v_{id}^k + c_1 \text{rand}_{gd} (p_{gd}^k - x_{id}^k) + c_2 \text{rand}_{id} (p_{id}^k - x_{id}^k)$$

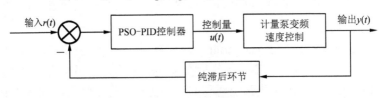

图 3-39　PSO-PID 控制示意图

根据 PSO 的速度公式进行分析，先规定一个种群，种群参数有种群大小、进化代数、种群范围、速度范围，且采用随机数，即不给定任何限制，由计算机随机分配个体的初始位置。

惯性因子 w 体现在下一代对上一代在速度上的继承。如果 w 选择过小，收敛速度必然会降低；如果 w 选择过大，又使得算法有变为纯随机实验的可能性。

c_1、c_2 是加速因子，体现的是个体向最优解的运动情况，c_1 体现的是个体向全局最优的运动加速情况，c_2 体现的是个体向个体最优的加速情况。c_1 如果选择过大，就容易"早熟"，即早期收敛，在没有达到全局最优之前就达到局部最优，必将造成 PID 设计失误；如果选择过小，又使得系统收敛过缓；同理，c_2 的选择与个体和个体最优的偏离有关系。

rand_{gd}、rand_{id} 是两个随机数，体现的是 PSO-PID 算法的随机性，任意分配给个体速度不同比例的加速度以期达到对整个种群范围的搜索，这两个随机数由计算机给出，分别是针对每代的全局最优加速度和个体最优加速度。

p_{id}^k 是个体最优解，指 k 代之内第 i 个个体 d 维参数的最优解，最优是根据适应度函数求得的，是每代相关个体由 min 函数求得的误差性能指标最小的数值，整体趋势是严格递减的。好的算法设置可以在很少的代数之内将 p_{id}^k 基本保持稳定，前提是不会"早熟"。

p_{gd}^k 是全局最优解，指 k 代之内所有个体 d 维参数的最优解，末代的全局最优就是该参数的最终结果。不仅可以通过对每代种群所有个体进行适应度求解，然后求得最小值，还可以对每代个体的 p_{id}^k 进行 min 函数排序，然后选取最小值。

X_{id}^k 为种群范围，是种群中个体能够存在的活动范围，即参数的取值范围，表现为 PID 中 K_p、T_i、T_d 的阈量，为了保证系统不会发散，K_p 不能过大。同样，为了使系统稳定、高效，限制各参数的大小就具有相当的意义，范围的大小也与仿真的运算速度有关，因此，种群范围需要综合考虑。

v_{id}^k 是速度范围，是个体运动的速度大小的界限，表现为个体的变化趋势，如果 v_{id}^k 过大，粒子就可能会以过快的速度过渡到当代的最优解，容易导致"早熟"；而如果过小的话，就可能会需要很多代才能进化到最优，同样得不到期望的效果。

进化代数即是规定 PSO 算法最终运算的限制，数百至数千不等，一般考虑运算量、维数和适应度函数的复杂性，过大会增加赘余的时间，过小又不能最优。有的时候，如果对于适应度函数有全面的了解，可以使用进化代数与静区时间相结合，即在进化未达到最终代时，适应度函数已经获得很好的结果，该代进化结果已达到预定要求，使得适应度在静区之内，则可以提前结束进化，以节约时间，提高效率。

适应度函数是对每代求得的结果进行评定的重要环节，主要选取误差性能指标来当作适应度函数，对于先进算法、启发式算法，一个好的适应度函数的选择是相当重要的，这里主要选取控制系统闭环阶跃响应曲线误差性能指标来当作 PSO 算法的适应度函数，选择 IAE 和 ITAE 来进行适应度求取。

仿真流程图如图 3-40 所示。

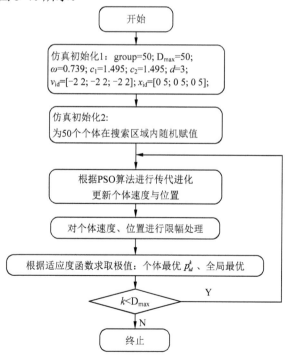

图 3-40 仿真流程图

考虑到种群规模与运算的速度，设置种群大小为 50，即该种群含有 50 个个体，个体位置与速度初始值由计算机随机设定，个体由 K_p、T_i、T_d 构成，即每一个个体是一个三维向量，v_{id}^k 选取±2，x_{id}^k 选取±5，c_1、c_2 选取 1.495，进化代数选取 100，w 选取 0.793，适应度函数选取 $\text{ISTE} = \int_0^\infty |te^2(t)|\,\mathrm{d}t$；被控对象为二阶系统 $\dfrac{1}{s^2 + 2s + 1}$；反馈回路是一个具有 0.5s 延迟时间的纯滞后环节；图 3-41～图 3-43 中的②号曲线代表一个经验设定，$K_{p\text{-}0} = 1.719$；$T_{i\text{-}0} = 1.6364$；$T_{d\text{-}0} = 0.40917$；控制器传递函数为 $\dfrac{0.6696s^2 + 1.636s + 1}{0.952s}$；$T_r = 1.4s$；$T_p = 4.31s$；$\sigma = 0.13$；$\sigma\% = 13\%$；图 3-41 和图 3-42 中的①号曲线代表经由 PSO 算法运算出的参数所构成的控制器，$K_p = 2.3229$；$T_i = 1.9692$；$T_d = 0.62591$；控制器传递函数为 $\dfrac{1.233s^2 + 1.969s + 1}{0.848s}$；$T_r = 0.8s$；$T_p = 2.21s$；$\sigma = 0.06$；$\sigma\% = 6\%$。图 3-43 中的③号曲线表示 20～100 代 PSO 算法后的阶跃响应曲线，曲线越向下，代数的值就越大。

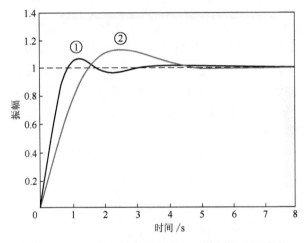

图 3-41 由 PSO 算法整定出的 PID 控制器阶跃响应

可以看出，经验设定可以有着较小上升时间、调节时间与超调，但是经由 PSO 算法设定的控制器不仅上升时间与调节时间比经验法要好得多，而且控制平稳，超调小。更重要的是，PSO-PID 算法最大的好处就在于它具有任何经验设定没有的优点，就是鲁棒性强，可以在任何情况下为任何系统提供可以实用的控制参数，并且能够达到既定要求。

由图 3-41、图 3-44 和图 3-45 可知，PSO 算法的适应度变化趋势很快，在 10 代之后就基本上达到了很好的效果，在第 62 代以后就基本保持不变，因此，可以利用静区来缩短进行代数以提高计算效率。

从图 3-42 和图 3-43 可以看出，用 PSO 算法进行 PID 控制器参数的自整定在第 10 代就可以达到一定要求，而 20～100 代基本上可以说已经达到了最优的数值设置。可见，用 PSO 算法来设计 PID 有着遗传算法所没有的简洁与高效，不仅可以以最短的时间设计出有效的控制器，而且可以达到与遗传算法相同的效果，甚至可以达到更高的要求，并且成本低，易于学习与操作。粒子群优化算法是基于鸟群模拟出的算法，形象易懂，将是今后 PID 控制器不可或缺的重要工具。

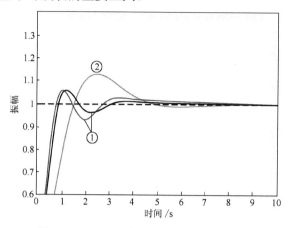

图 3-42　10~100 代的单位阶跃响应曲线 1

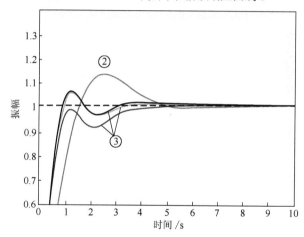

图 3-43　10~100 代的单位阶跃响应曲线 2

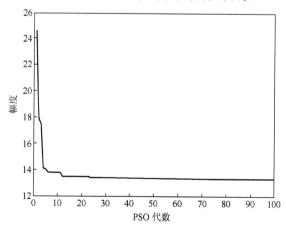

图 3-44　各代全局最优适应度分布

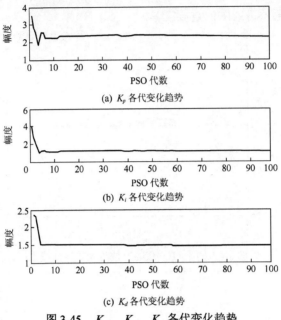

(a) K_p 各代变化趋势

(b) K_i 各代变化趋势

(c) K_d 各代变化趋势

图 3-45　K_p、K_i、K_d 各代变化趋势

第4章 造纸专用变频器的机器学习控制策略

概率神经网络结构简单、训练简洁，利用其强大的非线性分类能力，将造纸涂料背辊的刮棒压力、施胶涂布量、后级张力等样本空间映射到速差控制模式空间中，可形成一个具有较强容错能力和结构自适应能力的速差控制系统，从而提高造纸背辊电动机的稳定运行。本章通过建立造纸厂蒸煮过程的数学模型，阐述了卡伯值测量发展过程，考虑到国内目前尚没有直接测量蒸煮过程中卡伯值的传感器和软测量的应用实践，对纸浆卡伯值的软测量模型进一步分析得出其应用弊端，通过 MATLAB 来实际解决卡伯值的模糊测控问题，并能进一步提高变频电动阀门的控制效率；采用 Elman 神经网络，提出一种基于神经网络的纸机车速预测方法，对某造纸厂实际历史数据进行仿真预测。经研究发现，Elman 模型具有收敛速度快、预测精度高的特点，在车速预测领域有着较好的应用前景。

4.1 造纸行业专用变频器概述

4.1.1 造纸行业概述

造纸行业是我国的基础工业之一，国内纸浆造纸企业数量大、分布广，在整个国民经济中占有重要的地位。

造纸变频的最主要应用是多电动机分部传动。由于老式造纸机很多采用单直流电动机传动，且通过机械分配转速的方式进行调速，在生产过程中经常由于机械磨损、皮带打滑等因素造成速度匹配失调，容易形成断纸、厚薄不均等现象。同时，由于现场高温潮湿，对电动机的维护量会增加。为了优化产品质量，提高劳动生产率，很多现场已将其改为多电动机分部传动，即取消直流电动机及其动力的机械传动部分，在每一个传动分部安装交流电动机，并配置相应的变频器，同时采用交流多点传动方式，结合速度控制、张力控制、负荷控制等不同的方式进行传动配置。为了生产过程中纸页特性变化的需要，造纸机的分部传动除了保证高精度的同步控制外，还必须能够在一定范围内调节车速，且各个分部的速度能够单独调节。

同时，造纸行业也是风机和泵类负载的大户，而且该类负载的运行时间都是连续的，各个厂家是根据实际的工作情况，需要对风机、泵类的负载做不同程度的调节，这就使变频器在造纸行业的应用更为广泛，并能为企业带来极大的经济效益。

造纸基本流程图如图 4-1 所示。

在造纸流程中，核心设备为造纸机，它是使纸浆形成纸幅的分部联动的全套设备。造纸机主要包括流浆箱、网部、压榨部、干燥部、压光机、卷纸机、传动部等主机和汽、水、真空、润滑、热回收等辅助系统。造纸机按网部的结构可分为长网造纸机、夹网造纸机和圆网造纸机。

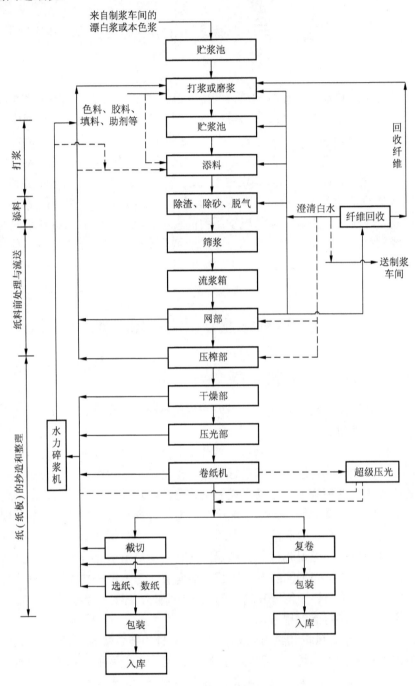

图 4-1　造纸基本流程

流浆箱是把适当浓度的浆料通过布浆器、整流装置、堰池、堰板喷口等部件均匀稳定地送到网上的设备，又称网前箱；浆料从流浆箱喷射到铜网上之后，在网部上形成湿纸页并进行脱水；之后是压榨，即用机械方法挤出由网部出来的湿纸页的水分，提高纸页的干度，同时改善纸页的表面性质，消除网痕，增加平滑度、紧度和强度；然后进入烘干部，使经过压榨后的湿纸页进一步脱水，纸页收缩，纤维结合紧密和增加强度。

由烘干部出来的纸页经压光机压光后，可以提高纸页的平滑度、光泽度和紧度，使纸页全幅厚度一致，并减少透气度；最后由卷纸机将纸幅卷成纸卷，即完成了造纸的主要过程。为适应以后不同的需要，在造纸车间卷纸机后还设有超级压光机、复卷机、切纸机等。

4.1.2　造纸行业变频传动的配置与控制原理

造纸是一个连续生产的过程，因此生产线的连续和有序控制成了制约成品纸质量和产量的瓶颈。目前来说，变频调速作为最强有力的控制方式进入了原本属于直流调速（适用于大中纸机）和滑差电动机（适用于中小纸机）天下的造纸领域，并已取得良好的市场效果。

造纸机的基本组成部分，按照纸张成形的顺序分为网部、压榨部、前干燥器、后压榨部、后干燥器、压光机、卷纸机等（见图 4-2），其工艺流程为流浆箱输出的纸浆在网部脱水成形，在压榨部分进行压缩，使纸层均匀，经过前干燥器进行干燥，接着进入后压榨部进行施胶，再进入后干燥器烘干处理，然后利用压光机使纸张平滑，最后通过卷纸机形成纸卷。

我国造纸机分部传动设备，以前采用 SCR 直流调速方式，由于存在滑环和炭刷造成可靠性和精度不高，从而导致纸机的机械落后，车速为 200m/min 左右，很难同国外的 1000m/min 的高速纸机相比。由此看来，造纸机分部传动机械的变频化已是大势所趋。

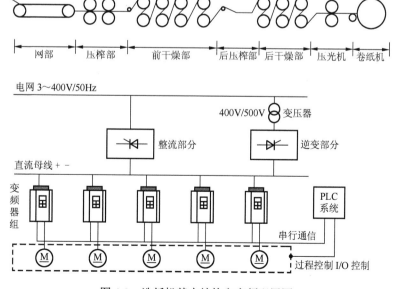

图 4-2　造纸机基本结构和变频配置图

由于造纸生产线的产品细薄、脆弱，为了防止纸张出现断裂、卷曲、褶皱、压痕等问题，必须对各传动部分进行高精度的速度控制，以达到高质量的延展特性。造纸机各个部分之间必须采用拉力控制，以使造纸的生产线对应于脱水及干燥度等工艺参数所决定的伸缩性，从而保证纸张按成纸方向所限定的伸展率进行延展。也就是说，从上浆到上卷的整个过程，要保持纸幅一定的速度级联（这样才有拉力）。比如网部传动设定速度保持在 400m/min，那么压榨部的速度保持在 404m/min、前干燥为 408m/min、后压榨部为 410m/min、后干燥器为 412m/min、压光机为 415m/min、卷纸机为 416m/min，为描述上的方便和控制的精度，这里引入速差控制的概念。

如传动 M_1 的速度为 V_1，传动 M_2 的速度为 V_2，M_2 的速差为 D_2，则三者的关系为

$$V_2 = V_1(1 + D_2\%) \tag{4-1}$$

依此类推，每个传动相对于前面一个传动都有一个速差值。因此，对于各传动点的设定只要求第一传动点的速度值（这里称为基速）和从第二传动点以后各传动点的速差值，就可由此计算出每一个传动的速度设定值，从而形成速度链。

通常情况下，速度链结构采用二叉树数据结构算法，用于完成传递功能。首先对各传动点进行数字抽象，确定速度链中各传动点编号，此编号应与变频器内部地址一致。然后根据二叉树数据结构，确定各节点的上下、左右编号。即任一传动点由 3 个数据（"父子兄"或"父子弟"）确定其在速度链中的位置，填位置寄存器数值。该传动点速度指令发给变频器后，访问位置寄存器，确定子寄存器节点号，若不为 0，则对该点进行相应处理，直到该链完全处理完；再查兄弟寄存器节点号，处理另一支链。故只需对位置寄存器初始化，即可构成任意分支速度链。

4.2　概率神经网络在涂料背辊速差控制中的应用

4.2.1　涂布施胶变频器速差控制的难点

纸页涂布加工的目的是在由纤维形成的凹凸不平和有较大孔隙的普通纸的表面上，覆盖一层由细微粒子组成的对油墨有良好吸收性的涂料，以便得到具有良好的均匀性和平滑度的纸面。通过涂布还可以提高纸张的光泽度，改善纸张的稳定性和不透明度，这些特性均随着涂布量的增加而增加。而施胶工艺则是为了提高纸和纸板的表面强度，防止水质液体的扩散和渗透。涂布和施胶的变频控制具有相同的工艺要求，所以放在这里一起讨论。

图 4-3 所示为造纸施胶涂布工艺示意图。纸幅在涂布背辊的牵引下，进入带有涂料的上料辊，再经过计量装置。其中典型的涂层厚度为 0～40μm，涂布量为 0～40g/m²。在该工艺中，上料是指将过量的涂料涂到纸张表面；计量是指将过量的涂料从纸层移除，达到需要的涂布量，常见的计量装置为刮棒，如图 4-4 所示。

从图 4-3 可以看出，造纸涂布施胶装置是由两个不同直径的辊子组成，辊子表面被橡胶覆盖。其中背辊直径大，其速度是跟造纸机车速按照速差关系进行联动的，上料辊直径是背辊的 30%～40%，速度是背辊速度的 15%～25%，典型的辊间距离是 0.5～

1.5mm,跟纸的工艺特性有关。

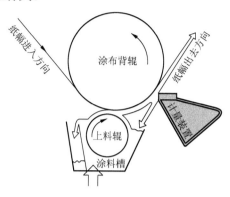

图 4-3   造纸施胶涂布工艺

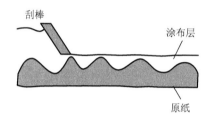

图 4-4   刮棒工作示意

从图 4-5 可以看出,在接触阶段 2~5ms,压区内的涂料承受了压力脉冲,要依靠车速、压区宽度和涂料黏度。由于压力存在,涂料滤饼开始形成,涂料中的液体渗透到纸张内部。当上料辊与纸张分离后,压力下降,压力甚至低于大气压,形成气穴。驻留期大约持续 20~50ms,依靠于车速和辊的直径。在驻留期主要依靠纸张的吸水脱除涂料中的水分。

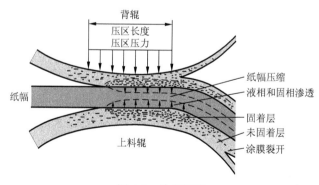

图 4-5   涂布原理

实时在线可以获得的参数为 3 个,分别是刮棒压力、施胶涂布量、后级张力,它们之间的关系如图 4-6 和图 4-7 所示,1 为 1 号刮棒或计量棒,2 为 2 号刮棒或计量棒。

不可获得、需要离线取样或凭经验获得的因素还有以下 3 个:涂料起雾沫、涂料在辊面的干结和纸幅的脱开。以涂料起雾沫为例,随着纸机车速的增加,进入压区、通过压区或回流到涂料盘的涂料增加，容易导致飞溅和漏涂现象的发生，从而形成涂料雾沫，如图 4-8 所示。

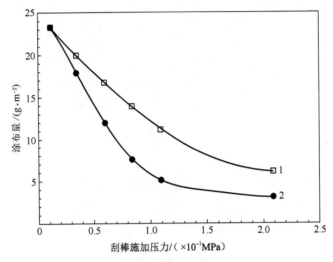

图 4-6 不同刮棒在相同速度下刮棒压力与涂布量的关系

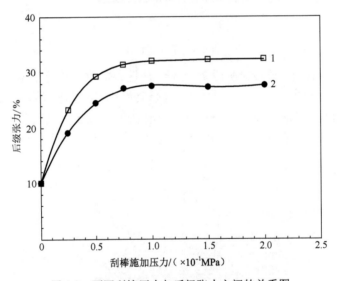

图 4-7 不同刮棒压力与后级张力之间的关系图

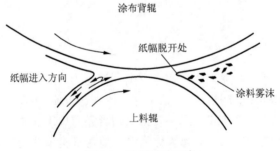

图 4-8 涂料雾沫示意

正是如此错综复杂的关系，使得施胶涂布专用变频器在速差控制中，无法自动给出，多年来一直都是根据经验给出，导致纸张的产量、效率和品质都受到严重的影响。

4.2.2　概率神经网络基础

神经网络通常依据向实例学习进行模式分类。不同的神经网络范式使用不同的学习规则，但都以某种方式确定一组训练样本的模式统计量，然后根据这些统计量进行新模式分类。

用于模式分类的判定规则或策略的公认标准是：在某种意义上，使预期风险最小。这样的策略称之为贝叶斯策略，适用于包含许多类别的问题。

如考察类别状态 θ 中的两类 θ_A 或 θ_B，如果想要根据 p 维向量 $X^T=[X_1,\cdots, X_i, \cdots, X_p]$ 描述的一组测量结果，判定 $\theta=\theta_A$ 或 $\theta=\theta_B$，贝叶斯判定规则变成：

$$\begin{cases} d(X)=\theta_A & \text{如果} h_A l_A f_A(X) > h_B l_B f_B(X) \\ d(X)=\theta_B & \text{如果} h_A l_A f_A(X) < h_B l_B f_B(X) \end{cases} \tag{4-2}$$

其中，$f_A(X)$ 和 $f_B(X)$ 分别为类别 A 和 B 的概率密度函数；l_A 为 $\theta=\theta_A$ 时判定 $d(X)=\theta_B$ 的损失函数；l_B 为 $\theta=\theta_B$ 时判定 $d(X)=\theta_A$ 的损失函数（即取正确判定的损失等于 0）；h_A 为模式来自类别 A 出现的先验概率；$h_B=1-h_A$ 为 $\theta=\theta_B$ 的先验概率。

于是，贝叶斯判定规则 $d(X)=\theta_A$ 的区域与贝叶斯判定规则 $d(X)=\theta_B$ 的区域间的界限可用下式求得

$$f_A(X)=Kf_B(X) \tag{4-3}$$

其中，

$$K=h_B l_B / h_A l_A \tag{4-4}$$

一般来说，由式（4-3）确定的两类判定面可以是任意复杂的，因为对密度没有约束，这是所有概率密度函数（PDF）都必须满足的条件，即它们处处为非负，是可积的，在全空间的积分等于 1。

使用式（4-3）的关键是根据训练模式估计 PDF 的能力。通常，先验概率为已知，或者可以准确地得出，损失函数需要主观估计。然而，如果将要划分类别的模式概率密度未知，并且给出的是一组训练样本，那么，提供未知基础概率密度的唯一线索是这些样本。

Parzen 指出，只要基础的母体密度是连续的，类别的 PDF 估计器才可以渐进地逼近基础的母体密度。判别边界的准确度决定于所估计基础 PDF 的准确度。构造 $f(X)$ 的一族估值如下：

$$f_n(X)=\frac{1}{n\lambda}\sum_{i=1}^{n}\varpi\left(\frac{X-M_{Ai}}{\lambda}\right) \tag{4-5}$$

其在连续 PDF 的所有点 X 上都是一致的。令 $M_{A1}, \cdots, M_{Ai}, \cdots, M_{An}$ 为恒等分布的独立随机变量，因为随机变量 X 的分布函数 $f(X)=P[x \leqslant X]$ 是绝对连续的。关于权重函数 $\varpi(y)$ 的 Parzen 条件是

$$\sup_{-\infty < y < +\infty} |\varpi(y)| < \infty \tag{4-6}$$

其中，sup 为上确界。

$$\int_{-\infty}^{+\infty} |\varpi(y)| \mathrm{d}y < \infty \qquad (4\text{-}7)$$

$$\lim_{y \to \infty} |y\varpi(y)| = 0 \qquad (4\text{-}8)$$

和

$$\int_{-\infty}^{+\infty} \varpi(y)\mathrm{d}y = 1 \qquad (4\text{-}9)$$

式（4-5）中，选择 $\lambda = \lambda(n)$ 作为 n 的函数，且

$$\lim_{n \to \infty} \lambda(n) = 0 \qquad (4\text{-}10)$$

和

$$\lim_{n \to \infty} n\lambda(n) = \infty \qquad (4\text{-}11)$$

Parzen 证明，

$$E|f_n(\boldsymbol{X}) - f(\boldsymbol{X})|^2 \to 0 \qquad (n \to \infty) \qquad (4\text{-}12)$$

表明 $f(\boldsymbol{X})$ 估值与均方值一致。

一般认为，当根据较大数据集估计时，预计误差变小，因为这意味着，真实分布可以按平滑方式近似。Murthy 放宽了分布 $f(\boldsymbol{X})$ 绝对连续的假定，并指明，类别估计器仍然一致地估计连续分布 $F(\boldsymbol{X})$ 所有点的密度，密度 $f(\boldsymbol{X})$ 也是连续的。

Cacoullos 扩展了 Parzen 的结果，在这种特殊情况下估计出多变量核为单变量核之积。在 Gaussian 核的特殊情况下，多变量估计可表达为

$$f_{\mathrm{A}}(\boldsymbol{X}) = \frac{1}{(2\pi)^{p/2}\,\sigma^p} \frac{1}{m} \sum_{i=1}^{m} \exp\left[-\frac{(\boldsymbol{X} - \mathrm{M}_{\mathrm{A}i})^{\mathrm{T}}(\boldsymbol{X} - \mathrm{M}_{\mathrm{A}i})}{2\sigma^2}\right] \qquad (4\text{-}13)$$

其中，i 为模式号；m 为训练模式总数；$\mathrm{M}_{\mathrm{A}i}$ 为类别 θ_{A} 的第 i 训练模式；σ 为平滑参数；P 为度量空间的维数。

请注意，$f_{\mathrm{A}}(\boldsymbol{X})$ 为中心位于每个训练样本的小的多变量 Gaussian 分布之和。然而，这个和不限于 Gaussian 分布。实际上，可以近似为任意平滑密度函数。

式（4-13）可以直接与式（4-2）表述的判定规则一起使用。但是，使用式（4-13）还存在两个固有的局限性：

1）检验过程中必须存储和使用整个训练集。

2）划分未知点的类别所必需的计算量与训练集的大小成正比。

采用 PDF 非参数估计进行模式分类的并行模拟网络与用于其他训练算法的前馈神经网络，它们之间有惊人的相似性。

图 4-9 表示将输入模式 $\boldsymbol{X}$ 划分成两类的神经网络结构。

在图 4-9 中，输入单元只是分配单元，把同样的输入值提供给所有模式单元。每个模式单元（见图 4-10）生成输入模式向量 $\boldsymbol{X}$ 与权向量 $\boldsymbol{W}_i$ 的标量积 $Z_i = \boldsymbol{X}\boldsymbol{W}_i$，然后，在把其激活水平输出到求和单元之前，对 Z_i 进行非线性运算。代替反向传播所通用的 S 型激活函数，这里采用的非线性运算是 $\exp\left[(Z_i - 1)/\sigma^2\right]$。假定 $\boldsymbol{X}$ 和 $\boldsymbol{W}$ 均标准化成单位

长度，这相当于使用 $\exp\left[-\dfrac{(W_i - X)^{\mathrm{T}}(W_i - X)}{2\sigma^2}\right]$，其形式等同于式（4-13）。这样，标量

积是在相互连接中自然完成的，后面是神经元激活函数（指数）。

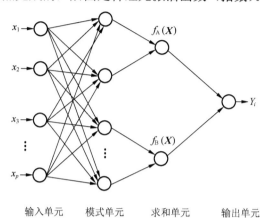

图 4-9　模式分类的结构

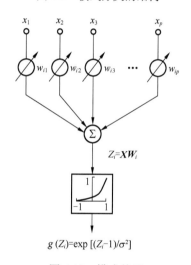

$$g\,(Z_i) = \exp\left[(Z_i - 1)/\sigma^2\right]$$

图 4-10　模式单元

　　求和单元简单地把来自模式单元的输入相累加，该模式单元已对应于所选定训练模式的类别。

　　输出或判定单元为两个输入神经元，如图 4-11 所示。这两个只产生二进制输出。它们有单一的变量权值 C_k

$$C_k = -\frac{h_{B_k} l_{B_k}}{h_{A_k} l_{A_k}} \frac{n_{A_k}}{n_{B_k}} \tag{4-14}$$

其中，n_{A_k} 为来自 A_k 类的训练模式数；n_{B_k} 为来自 B_k 类的训练模式数。

　　请注意，C_k 为先验概率比除以样本比再乘以损失比。任何问题，均可与它的先验概率成比例地从类别 A 和 B 获得训练样本的数量，其变量权值 $C_k = -l_{B_k}/l_{A_k}$。不能根据

训练样本的统计量，只能根据判定的显著性来估计最终的比值。如果没有偏重判定的特殊理由，可简化为-1（变换器）。

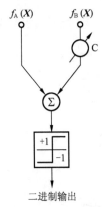

图 4-11 输出单元

训练网络的方法是：指定模式单元之一的权向量 $\boldsymbol{W}_i$，训练集内每个 $\boldsymbol{X}$ 模式，然后，模式单元的输出连接到适当的求和单元。每个训练模式需要一个单独的神经元（模式单元）。如图 4-11 所示，相同的模式单元按不同求和单元聚集，在输出向量中提供附加的类别和附加的二进码信息。

除此之外，也可以使用输出 $f_A(\boldsymbol{X})$ 和 $f_B(\boldsymbol{X})$ 来估计后验概率。比如一个重要应用就是估计 $\boldsymbol{X}$ 归属于类别 A 的后验概率 $P[A\,|\,\boldsymbol{X}]$。如果类别 A 和 B 为互斥事件，且 $h_A + h_B = 1$，根据贝叶斯定理，有

$$p\big[A\,|\,X\big] = \frac{h_A f_A(\boldsymbol{X})}{h_A f_A(\boldsymbol{X}) + h_B f_B(\boldsymbol{X})} \tag{4-15}$$

4.2.3 涂料背辊速差控制的 PNN 神经网络结构

图 4-12 所示为涂料背辊速差控制的 PNN 的层次模型，由输入层、模式层、求和层和输出层共 4 层组成。

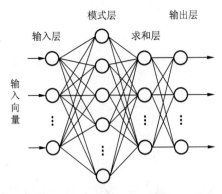

图 4-12 PNN 的基本结构

输入层接受来自训练样本的值，将特征向量传递给网络，其神经元数目和样本矢量

的维数相等。模式层计算输入特征向量与训练集中各个模式的匹配关系,模式层神经元的个数等于各个类别训练样本数之和,该层每个模式单元的输出为

$$f(X, W_i)^{\mathrm{T}} = \exp\left[-\frac{(X - W_i)^{\mathrm{T}}(X - W_i)}{2\delta^2}\right] \tag{4-16}$$

其中,W_i 为输入层到模式层连接的权向量;δ 为平滑因子,它对分类起着至关重要的作用。

　　求和层是第 3 层,是将属于某类的概率累计,按式(4-16)计算,从而得到故障模式的估计概率密度函数。每一类只有一个求和层单元,求和层单元与只属于自己类的模式层单元相连接,而与模式层中的其他单元没有连接。因此,求和层单元简单地将属于自己类的模式层单元的输出相加,而与属于其他类别的模式层单元的输出无关,求和层单元的输出与各类基于内核的概率密度的估计成正比,通过输出层的归一化处理,就能得到各类的概率估计。

　　基于概率神经网络的速差控制方法实质上是利用概率神经网络模型的强大的非线性分析能力,将速差控制经验样本空间映射到速差选择模式空间,从而形成一个具有较强容错能力和结构自适应能力的速差控制网络系统,PNN 网络设计流程如图 4-13 所示。一般流程为,先收集数据,然后创建 PNN 网络,再根据已有速差控制的样本数据进行训练,接着进行网络效果测试,最后输出结果分析。

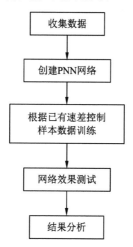

图 4-13　PNN 网络设计流程

　　速差控制中,采用以下三种输入量:

1)刮棒压力(单位 10^{-1}MPa),数值区间为 0.3~3。

2)施胶涂布量(单位 g/m^2),数值区间为 0~40。

3)实际张力控制值(单位%),数值区间为 0~50%,即 0~0.5。

　　表 4-1 所示为速差控制案例数据,是一个 34×4 维的矩阵,前 3 列为改良三比值法数值,第 4 列为分类输出,即速差的数值(1%~5%)。使用前 23 个样本作为 PNN 神经网络训练样本,后面 11 组数据作为验证样本。

表 4-1　速差控制案例数据

样本数	刮棒压力/%	施胶涂布量/(g·m⁻²)	实际张力/%	速差
1	0.6600	18.5000	0.2500	1
2	0.7100	18.6000	0.4000	1
3	1.2400	10.4000	0.1300	5
4	1.0500	15.6000	0.1900	4
5	0.6900	16.9000	0.2400	2
6	0.7700	14.5000	0.2700	4
7	0.6200	17.9000	0.3900	2
8	1.5200	20.5000	0.1100	2
9	1.2200	12.7000	0.2500	4
10	1.3400	13.9000	0.3500	3
11	1.1800	12.5000	0.2700	3
12	0.7200	10.2000	.1600	5
13	1.7600	18.2000	0.3200	1
14	1.8900	16.3000	0.2500	4
15	1.5400	11.6000	0.2800	3
16	0.4800	9.3000	0.0900	5
17	2.8400	21.8000	0.4100	1
18	0.9800	12.4000	0.2200	3
19	0.4600	9.7000	0.1100	5
20	1.3300	21.6000	0.3100	2
21	1.3200	12.7000	0.2800	3
22	2.6600	13.9000	0.2800	3
23	1.4400	12.1000	0.3300	3
24	1.0500	13.5000	0.3100	3
25	1.8900	17.8000	0.3500	1
26	0.7800	13.6000	0.2900	3
27	0.4900	19.8000	0.3800	1
28	1.3700	18.1000	0.3400	1
29	0.6900	9.9000	0.1800	5
30	1.8300	22.1000	0.1800	2
31	1.6300	17.2000	0.1900	1
32	1.1400	16.8000	0.1600	2
33	1.2700	15.2000	0.1900	4
34	1.0900	10.6000	0.1500	5

MATLAB 实现代码如下：

```
%%  造纸专用变频器-速差控制 PNN
%%清空环境变量
clc;
clear all
close all
```

```
nntwarn off;
warning off;
%% 数据载入
load data
%% 选取训练数据和测试数据
Train=data(1:23,:);
Test=data(24:end,:);
p_train=Train(:,1:3)';
t_train=Train(:,4)';
p_test=Test(:,1:3)';
t_test=Test(:,4)';
%% 将期望类别转换为向量
t_train=ind2vec(t_train);
t_train_temp=Train(:,4)';
%% 使用 newpnn 函数建立 PNN, SPREAD 选取为 1.3
Spread=1.3;
net=newpnn(p_train,t_train,Spread)
%% 训练数据回代,查看网络的分类效果
% Sim 函数进行网络预测
Y=sim(net,p_train);
% 将网络输出向量转换为指针
Yc=vec2ind(Y);
%% 通过作图观察网络对训练数据分类效果
figure(1)
subplot(1,2,1)
stem(1:length(Yc),Yc,'bo')
hold on
stem(1:length(Yc),t_train_temp,'r*')
title('PNN 网络训练后的效果')
xlabel('样本编号')
ylabel('速差值')
set(gca,'Ytick',[1:5])
subplot(1,2,2)
H=Yc-t_train_temp;
stem(H)
title('PNN 网络训练后的误差图')
xlabel('样本编号')
%% 网络预测未知数据效果
Y2=sim(net,p_test);
Y2c=vec2ind(Y2)
figure(2)
stem(24:23+length(Y2c),Y2c,'b^')
hold on
stem(24:23+length(Y2c),t_test,'r*')
title('PNN 网络的预测效果')
xlabel('预测样本编号')
ylabel('速差值')
set(gca,'Ytick',[1:5])
```

将训练数据作为输入代入 PNN 网络中, 只有两个样本判断错误, 如图 4-14 所示, 即第 7、9 组数据错误。

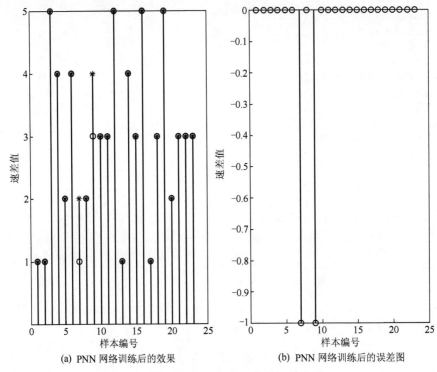

(a) PNN 网络训练后的效果　　　　　　　(b) PNN 网络训练后的误差图

图 4-14　PNN 网络训练后的效果与误差

　　将其余 11 组进行网络未知数据的预测，预测得到 Y_{2c}=[3,1,3,1,1,5,2,1,2,4,5]，如图 4-15 所示。

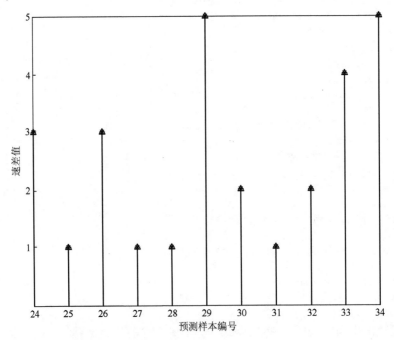

图 4-15　PNN 网络的预测效果

4.2.4　施胶涂布变频器的速差控制 MATLAB 仿真

将 PNN 网络预测后的速差值按照式（4-16）转换为速度值，进入如图 4-16 所示的速度控制子模块，输出参考电磁转矩 T_e。其中 K_i 为 PI 控制器中 P（比例）的参数，K/T_i 为 PI 控制器中 I（积分）的参数。Saturation 饱和限幅模块可将输出的参考电磁转矩的幅值限定在要求范围内。T_e 计算出来后，再进入转矩控制子模块，如图 4-17 所示。

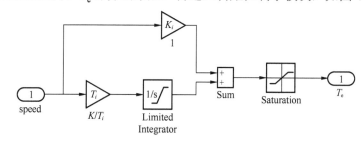

图 4-16　速度控制子模块

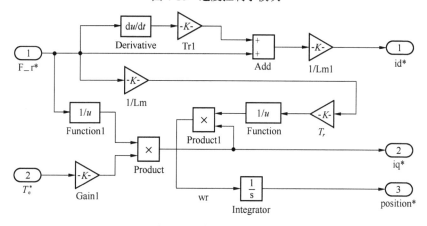

图 4-17　转矩控制子模块

为了验证所设计的概率神经网络在涂料背辊速差控制中的应用，尤其是速差在 1%～5% 之间进行切换时的静动态性能，利用 MATLAB 进行仿真，得到如图 4-18～图 4-22 所示波形。

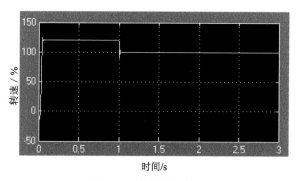

图 4-18　转速响应波形 w_r

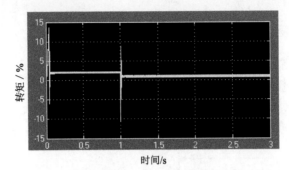

图 4-19   转矩响应波形 T_e

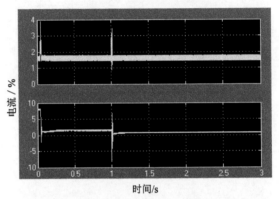

图 4-20   旋转坐标定子电流 i_{dq}

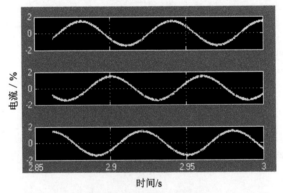

图 4-21   定子三相电流 i_{abc}

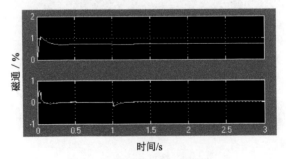

图 4-22   旋转坐标转子磁通 ψ_{r_dq}

4.3　基于卡伯值预测模型的变频电动阀控制

4.3.1　卡伯值概述

目前在造纸间歇式蒸煮法中广为使用的传统软测量模型具有一定的使用价值，但是存在较大的误差值，而基于模型的模糊软测量方法则首先对原模型的输入空间进行模糊划分，然后根据实际情况确定隶属函数，最后使得经模糊推理后的输出值（卡伯值的计算）更加符合造纸蒸煮过程中的实际情况。

1. 硫酸盐法制浆法

如图 4-23 所示为采用硫酸盐法的制浆工艺，能将木材转化成主要含有纯纤维素纤维的木质纸浆。该纸浆工艺比较成熟，应用在 75% 以上的造纸厂中，主要是先制备一种混合液体，包括氢氧化钠、硫化钠等，然后将木片和混合液体进行化学处理，以确保连接木质素与纤维素的组织出现断裂，最后获得成品纸浆。

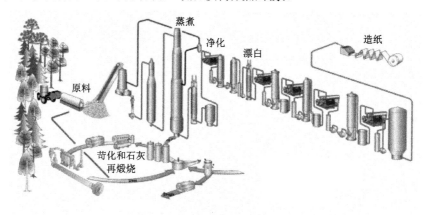

图 4-23　采用硫酸盐法的制浆工艺

采用硫酸盐法的制浆工艺中使用的容器被称为"蒸煮器"，主要是装入木片，并能承受连续高压。这些蒸煮器中，相当一部分是间歇式运行的，另外则是连续式运行（如卡米尔蒸煮器）。在蒸煮器中，木片通常是被浸泡在一种由热的黑液（通过蒸发出来的废蒸煮液）和白液（循环过程中产生的氢氧化钠与硫化钠混合液）所构成的蒸煮混合液体里面。

2. 纸浆卡伯值的定义

在反映纸浆化学性质的众多参数中，卡伯值的地位比较特殊，主要表现为纸浆中脱木素的含量程度，其数据是通过高锰酸钾的用量来表示纸浆中还原性物质的含有量，又称 Kappa 值。卡伯值的化学定义如下：把 1g 绝干纸浆在特定条件下，测定其 10min 内所消耗的 0.02mol/L 高锰酸钾标准溶液的用量（以 mL 计），然后将该结果进行高锰酸钾的用量校正，即相当于加入高锰酸钾消耗量的50%。

3. 纸浆卡伯值的在线测量

因为蒸煮的目的是要制备出硬度或卡伯值一定且均匀的纸浆，但目前有三个难点：①没有可以直接测量纸浆蒸煮过程中卡伯值数据的常规仪表，因此，难以用卡伯值来作为传统控制系统的被调参数；②由于纸浆原料出产地和来源的不同，其特性变化频繁，导致卡伯值无法做到精确测量；③纸浆在蒸煮过程中存在严重的时间滞后，且时间长短不一。

在过去的30年间，北美O'Mearo公司曾开发了努塞尔数测量系统，该测量系统实现了从传统的人工测量纸浆卡伯值向自动测量转化的历史性突破，并进行硝酸法的浓度测量，可是由于其计算周期长、中间环节多，该测量系统并没有大批量投入实际生产。

期间，Bobier等也提出了一种全新的理念：采用紫外吸收法测定蒸煮废液在一定波长处的吸光度，进而定量测定脱木素反应过程。基于这种原理，瑞典某造纸研究所研制出了纸浆卡伯值在线分析仪，但由于精度原因没有得到推广。

接着，加拿大Paprican发明了采用化学法测量卡伯值的仪器。该仪器根据脱木素具有脱甲基作用，并且甲基在氯化的同时可以转化为甲醇，此时，采用气相色谱分析法可以精确测量甲基在氯化时产生的甲醇含量，并通过分析反应时间对甲醇浓度与温度的关系，计算出木素含量，最终算出纸浆卡伯值。由于该测量过程的化学反应复杂、分析仪器昂贵，同时在测量过程中引入了氯元素，会对环境造成一定的负面影响，从而也影响了该方法的进一步推广。

近10年来也出现了一些在线实时测量纸浆卡伯值的仪器，如芬兰Kajaani公司的卡伯值与白度自动分析仪，如图4-24所示，该仪器对Bobier教授的方法进行了改进，利用纸浆经氙光穿透后所产生的散射效应测量纸浆卡伯值。

图 4-24　芬兰 Kajaani 公司的卡伯值与白度自动分析仪

以上几种准实时或准在线的卡伯值传感器，在实际生产应用中主要存在以下问题：

1）在采样过程中存在样本数量少、准确采样难、测量时间长、测量结果实时性效果差等瑕疵；在测量中发现纸浆的洗涤干净程度较大程度影响了测量结果。

2）采用同一种波长进行卡伯值测量时，为避开纤维素、半纤维素的干扰，必须进行多种参比、校正等，从而导致光路复杂、成本增加、可靠性降低。

3）在线卡伯值传感器所需的辅助系统非常巨大，比如压缩空气、冷水、热水等，会使仪器的可靠性与稳定性大大降低。

4）一旦在线实时卡伯值传感器采用了光谱传感器后，其阵列和分光装置通常是"后分光"式的，这样一来，它的电路、光路结构就会很复杂，每个测量通道和每个波长传感器的性能很难做到一致。

正是由于以上原因，在卡伯值的测量与控制中，利用传统的机理模型建立的软测量也占据了一定的市场，在间歇蒸煮过程中尤其显得重要。

4.3.2　纸厂蒸煮过程的卡伯值软测量传统模型建构

1. 蒸煮过程的经典机理模型

由于在线式卡伯值传感器在实际生产应用中存在相当大的局限性，所以大部分对卡伯值的研究还是以传统建模为主，包括机理建模、回归分析等。根据文献可以知道，国外很早就在卡伯值软测量模型上进行了大量的研究，从 20 世纪 70 年代开始，Kerr 等就做了大量的工作。

其中，Kerr 所推导的机理模型最为著名，应用最为广泛，其模型公式如下：

$$L = \frac{K^2 + aK + b}{cK + d} \qquad (4\text{-}17)$$

式（4-17）是根据硫酸盐法制浆动力学而得出的，L 为纸浆的木素含量（%）；K 为卡伯值；a、b、c、d 均为系数。

从很多文献研究中可以得出，L（代表纸浆中的木素含量）与 K（代表纸浆卡伯值）之间存在着拟合程度非常高的正比性，即

$$L = \eta K \qquad (4\text{-}18)$$

其中，η 为比例系数，它与纸浆的材料种类有关联。

造纸厂实际的蒸煮经验为：在一定范围内蒸煮的温度与时间可以互为补偿。根据这个经验，加拿大的 Vroom 提出：把蒸煮温度、时间根据某种公式组合为单一变数（即 H 因子）进行考虑，并把它作为控制纸浆蒸煮的终点。按照他的定义，H 因子就是一积分式：

$$H = \int v\mathrm{d}t = \int_{t_0}^{t} \mathrm{e}^{b-\frac{a}{T}}\mathrm{d}t \qquad (4\text{-}19)$$

其中，v 为纸浆蒸煮时的相对反应速率；t 为纸浆蒸煮时间；T 为热力学温度；a、b 为与纸浆原料种类有关的两个常数（其中 $a=E/R$，E 为脱木素的活化能，R 为气体常数）。

从式（4-19）还可以得出：H 是时间的泛函数，H 因子通常只能通过数值积分来求得。在蒸煮过程中，H 因子可以通过计算机采样获得蒸煮过程的实时温度，并对时间进行数值积分来获得在线值。

Kerr 根据以上的推导，最终得到 H 因子（蒸煮终点时）的计算公式：

$$H_f = H_s + \frac{1}{ab}\ln\frac{(EA_s - b)(L_f + b/c)}{EA_s L_f} \qquad （4-20）$$

其中，a、b、c 为待定系数；H_f 为纸浆蒸煮终点时的 H 因子；H_s 为取纸浆样品时的 H 因子；EA_s 为在 150℃ 纸浆蒸煮温度时取纸浆样品的有效碱浓度；L_f 为纸浆蒸煮结束时残留的木素含量。

当然，除了广泛应用的 Kerr 模型，还有 Lin 模型、Hatton 模型、MoDoCell 模型、Luo 模型等经典的蒸煮过程数学模型。

2. 蒸煮过程的卡伯值软测量传统模型

在实际工业控制中，有了蒸煮过程的机理模型，其优点就不言而喻，不仅可以对纸浆的蒸煮复杂行为进行精确描述，还可以预测进浆料的平均木片性能；但它的缺点也是显而易见的，比如要推导可信的参数很难，只有在进行大量数据的演算后，才可以解出方程。在这种情况下，新的经验模型研究就成了科研人员攻关的领域，这些模型通常都是简单灵活，且可以直接根据得纸率、卡伯值、黏度等各个方面的参数要求，来控制 H 因子、有效碱用量、液比与硫化度等各个参数，这个又被称为"软测量"。

此种方法更适合于中国国情，因为它不仅可以不用购买价格贵的硬件设备，还能大大节省人力与维护费用。

如文献所建立的卡伯值软测量模型：

$$K = a + b\ln(EA\ln S)\ln(H - H_b) \qquad （4-21）$$

其中，a、b 为待定系数，在工厂实际情况的基础上，以线性回归方式来确定；H_b 为取样时大量脱木素的 H 因子；H 为 H 因子，它与纸浆的蒸煮温度和时间的比值、纸浆原料等有关，能实时算出；$EA=EA_b$ 为在 $H=H_b$ 时取纸浆样品混合液体的有效碱浓度；S 为在纸浆蒸煮前已经测出的混合药液硫化度；K 为实时计算出的蒸煮过程中纸浆卡伯值。

为提高软测量纸浆卡伯值模型的精度，华南理工大学张健等也推导出了基于双取样点的卡伯值软测量模型，其公式如下：

$$K = a_1 + a_2\ln[(\ln S)EA_b] + a_3 EA_e + a_4\ln(H - H_b) + a_5\ln H \qquad （4-22）$$

其中，$a_1 \sim a_5$ 均为由最小二乘法确定的常数。

3. 卡伯值软测量模型的模糊逻辑改进算法

在造纸厂实际应用中，卡伯值的软测量模型应用效果良好，但也发现了一些问题：尤其是当 EA、H 和 S 等数值变化较大时，其测量值往往大幅度偏离实际值。图 4-25 为某桉树木片在蒸煮过程中，软测量模型的线性回归系数 a 和 b 确定的示意图，由此可见，在偏离直线的区域，其测量出的卡伯值精确度肯定会大打折扣，根据文献记载，该模型在计算卡伯值时的误差 |实测值-预测值| >5 的情况仅有 18.4%，严重影响了蒸煮过程的纸浆卡伯值终点控制，并使得目标值失真，蒸煮的能耗偏高。

为处理纸浆卡伯值软测量的局限性问题，国内外很多学者对有用信息进行挖掘利用和数据处理（包括利用人工智能等方法）。如文献提到的"采用基于支持向量机的蒸煮过程卡伯值软测量"来解决测量精度问题。

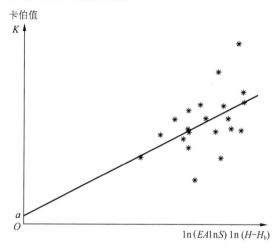

图 4-25　线性回归确定系数 a 和 b

对于在纸浆工业生产至关重要的卡伯值测量，主要还是基于可靠和简便的方法，具体如下：如果将图 4-25 进行稍微转化，变为图 4-26 中的模糊推理方法，即根据输入的变量能自动将 b 系数进行适当调整（a 系数不变），即曲线在②与③之间进行变化，显然其拟合精度会更高。在模型的三个主要自变量中，EA 和 S 分别表示反应物质性质，它们都与纸浆脱木素的化学反应息息相关，且 EA 与 S 在模型中只是一点的测量值，因此必须参与模糊分类。而 H 因子则是关联的函数，不建议参与模糊分类。

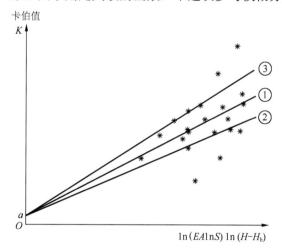

图 4-26　模糊推理方法

在现代工业控制领域中，伴随着计算机技术的发展，出现了人工智能控制的新趋势。由于制浆造纸过程的大惯量、多变量耦合与非线性等特点，通常很难确定它的参数与模型结构，导致采用传统的控制方法往往无法奏效。

而人工智能中的模糊逻辑则属于计算数学的范畴，包含有遗传算法、混沌理论及线性理论等内容，能将现场操作人员的实践经验融合进去，其优点包括设计简单、反应速度快、便于控制等。

4.3.3 卡伯值软测量模糊控制器的建构

开发纸浆卡伯值软测量模糊逻辑控制器的步骤如下：在确定设计要求后首先进行系统辨识，然后建立包括结构、规则库、比例系数和条件集合定义等在内的有效知识库，要求该知识库的存储空间最小、运行搜索时间最快，同时能在特定的目标微处理器上开发，具体如图 4-27 所示，它是一个具有输入、输出的理论模糊控制器原理图。

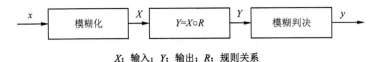

X：输入；Y：输出；R：规则关系

图 4-27　理论模糊控制器原理图

具体到某一特定的应用，如纸浆卡伯值软测量，其结构如图 4-28 所示。从图 4-28 中可以看出，用标度因子来实现输入与模糊推理中用到的标准时间间隔两者之间的映射关系，对于输出部分也是如此。在实践中，模糊决策过程一般可以通过一个特定的推理机来作用。

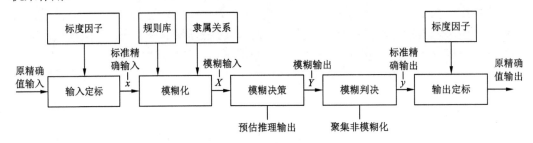

图 4-28　模糊逻辑控制器的结构

在纸浆的蒸煮过程中采用模糊综合评价是一种行之有效的多因素决策方法，它不绝对地否定或肯定，而是用一个模糊集合来表示结果。

1. 卡伯值模糊推理方法的实施

对于式（4-21）中卡伯值系数 b 的选择，应该首先确定隶属度函数。现在对造纸蒸煮过程实际纸浆样品数据中的 EA、S、软测量误差进行模糊统计分析，划分了 EA、S 的相应模糊区间及其隶属度函数，如图 4-29 和图 4-30 所示。

根据模糊区间的划定，对于卡伯值软测量模型的先验知识可定性归纳为以下 6 条法则：

1）如果 EA 小、S 大，则 U 值输出降低。
2）如果 EA 大、S 小，则 U 值输出增加。
3）如果 EA 小、S 中，则 U 值输出不变。
4）如果 EA 大、S 中，则 U 值输出不变。

5）如果 *EA* 小、*S* 小，则 *U* 值输出增加。

6）如果 *EA* 大、*S* 大，则 *U* 值输出增加。

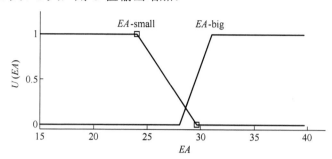

图 4-29　纸浆 *EA* 的模糊区间与隶属度函数

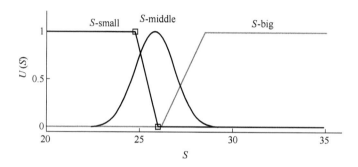

图 4-30　纸浆 *S* 的模糊区间与隶属度函数

根据模糊控制的一般推理规则（即 **IF-THEN** 规则），可以画出如表 4-2 的实际推理情况一览表。表 4-2 中采用卡伯值计算式（4-21），其中的 *a* 系数则可以采用线性回归、最小二乘法等方法进行实时更新。

表 4-2　蒸煮卡伯值的推理规则一览表

模糊规则	IF		THEN	卡伯值计算值
	有效碱 *EA*	硫化度 *S*		
1	小	大	*U* 输出降低	
2	大	小	*U* 输出增加	
3	小	中	*U* 输出不变	$K = a + bU\ln(EA\ln S)\ln(H - H_b)$
4	大	中	*U* 输出不变	
5	小	小	*U* 输出增加	
6	大	大	*U* 输出增加	

2. 线性回归法求解纸浆卡伯值软测量模型参数

要找出与一组数据很相近（也就是最能代表这些数据）的曲线方程式，有许多选择，如线性回归、多项式回归等。在纸浆卡伯值测量中，采用 MATLAB 的 polyfit 函数就可以解决线性回归问题。在函数 polyfit(*x*，*y*，*n*)中，参数 *x*、*y* 表示为待拟合的一组数组，

$n=1$ 就是一阶的线性回归法。以下给出线性回归的示范：

```
>> x= [0 1 2 3 4 5];
>> y= [0 20 60 68 77 110]
>> coef= polyfit (x, y, 1);
%  为获得内含常数项及其一次项系数 coef 而调用的线性回归函数
>> a0=coef (1); al=coef (2);
%  将常数和一次项系数分别代入 a0 和 al 最后可求得 a0=20.8286, a1=3.7619
```

当然，除了 $n=1$ 之外，还可以选择其他合适的阶数。

3. 采用 MATLAB 解传统卡伯值软测量模型系数

根据公式 $K = a + b\ln(EA\ln S)\ln(H - H_b)$ 对于某造纸厂的 21 锅次蒸煮过程进行统计，并得出表 4-3（其中 H_b 为 800）。

表 4-3 纸浆卡伯值系数测定

锅次	EA	S	H	$x= \ln[EA\ln(S)]\ln(H - H_b)$	$y = K$ 实测卡伯值
1	31.23	25.2	2224	33.4966	36
2	28.45	28.2	2407	33.6182	44.8
3	31.12	26.4	1976	32.6895	35
4	28.24	26.34	2193	32.7624	36
5	29.06	25.8	2460	33.723	38.7
6	29.34	26.3	2252	33.2261	35.7
7	30.61	26.3	2112	33.0667	37
8	28.23	27.1	2355	33.3237	33
9	26.2	27	2358	32.775	35.7
10	31	25.5	1964	32.5395	36.9
11	35.64	25.4	1640	31.9682	33
12	27.81	25.4	2494	33.4518	37.1
13	26.66	24.1	2762	33.6675	35.8
14	26.61	27.5	2375	32.9791	38.5
15	28.32	26.1	2393	33.3704	38.3
16	31.81	26	1968	32.7803	37.9
17	25.22	26.3	2874	33.6985	39.7
18	25.91	28.1	2544	33.2835	41.9
19	33.21	27.5	1763	32.2945	35.3
20	30.11	27.6	2069	32.9027	30.6
21	32.34	26.7	1925	32.7779	34

这些数据是进行模糊预测下一步数据的自学习系数来源值。采用的 MATLAB 确定线性回归方法进行如下编程：

```
>> x=[33.4966 33.6182 32.6895 32.7624 33.7230 33.2261 33.0667 33.3237
32.7750 32.5395 31.9682 33.4518 33.6675 32.9791 33.3704 32.7803 33.6985 33.2835
32.2945 32.9027 32.7779 ];
>> y=[36 44.8 35 36 38.7 35.7 37 33 35.7 36.9 33 37.1 35.8 38.5 38.3
37.9 39.7 41.9 35.3 30.6 34];
>> a=polyfit(x, y, 1)
>> x1=[30:0.1:34]
>> y1=a(2)+a(1)*x1
>> plot(x, y, '*')
>> hold on;
>> plot(x1, y1, '-r')
```

得出的解为

```
a=3.2095-69.4174
```

对应的函数为

$$K = -69.4174 + 3.2095X \tag{4-23}$$

线性回归的纸浆卡伯值演示如图 4-31 所示。

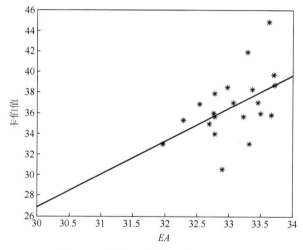

图 4-31　线性回归的纸浆卡伯值演示

4. 通过模糊推理系统编辑器建立纸浆卡伯值 FIS 文件

对于造纸厂的纸浆卡伯值测控方法，在 MATLAB 模糊推理系统中可以采用的类型为 Sugeuo、Mandani，其解模糊方法可以采用重心法、最大隶属度法等。

如图 4-32 所示为纸浆卡伯值模型的 Rule Viewer 新界面（即规则模拟显示）。

图 4-32 表示当 EA 为 27.5、S 为 27.5 时，输出 U 约为 1.01 个单位。左右拉动界面中的两条代表 EA 和 S 的线，拉到欲选的近似值时，右边图上端就显示相应的 U 的输出结果。

5. 纸浆卡伯值的模糊求解

纸浆卡伯值测控中的反模糊化采用 Centroid 中心法，按规则和要求建立矩阵 **X** 和模

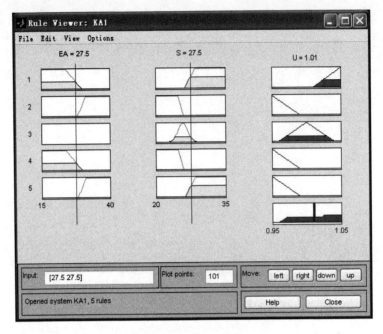

图 4-32　Rule Viewer

糊推理系统 FIS，模糊推理系统用 MATLAB 函数 evalfis，即

$$y = \text{evalfis}(\boldsymbol{X}, \text{FIS}) \tag{4-24}$$

其中，y 为输出信号；$\boldsymbol{X}$ 为各列为每一个输入信号的精确数值矩阵。

以下是对卡伯值进行测控的 MATLAB 命令行：

```
>> K1=READFIS('K1.FIS')
%打开并读取 K1.FIS
>> ans=evalfis([27.9 28.1], K1)
%执行解模糊操作，输入 EA=27.9 S=28.1
ans =1.0331
```

这个值就是 U 值，可以直接代入表 4-2 中计算卡伯值。

6. 纸浆卡伯值的模糊测控与实测对比

根据以上内容，进行卡伯值的模糊测控与实测对比，具体如表 4-4 所示。

表 4-4　实测 K 值与模糊测卡伯值的对比

锅次	有效碱浓度 EA/%	硫化度 S/%	H 因子	实测卡伯值	K_{A1} 模糊	模型解卡伯值	误差
1	30.69	25	2270	36	0.9887	36.87512	0.875119
2	27.9	28.1	2462	44.8	1.0187	40.49778	-4.30222
3	31.62	26.3	1950	35	0.9994	35.43673	0.436735
4	28.21	26.3	2196	36	1.0001	35.74392	-0.25608
5	28.06	25.7	2562	38.7	0.9962	38.40532	-0.29468
6	29.45	26.2	2246	35.7	1	37.22181	1.521806

续表

锅次	有效碱浓度 EA/%	硫化度 S/%	H 因子	实测卡伯值	K_{A1} 模糊	模型解卡伯值	误差
7	30.54	26.4	2114	37	0.9988	36.58279	-0.41721
8	26.04	27	2374	35.7	1.0067	36.47877	0.778768
9	29.92	25.1	2414	35.4	0.9904	37.85476	2.454761
10	31	25.6	1962	36.9	0.9948	34.47491	-2.42509
11	31.1	24.9	2236	33	0.988	36.73625	3.736246
12	35.65	25.4	1640	33	0.9921	32.37391	-0.62609
13	27.75	25.4	2500	37.1	0.9948	37.38787	0.287873
14	26.82	24	2746	35.8	0.9845	36.96359	1.163588
15	27.9	26.6	2424	34.5	1.0026	38.02877	3.528768
16	26.51	27.4	2388	38.5	1.0129	37.7944	-0.7056
17	28.21	26	2406	38.3	1	37.68502	-0.61498
18	31.78	26	1970	37.9	1	35.79111	-2.10889
19	25.73	26.3	2804	39.7	1.0006	38.80269	-0.89731
20	25.89	28.1	2546	41.9	1.0256	40.14074	-1.75926
21	29.76	26	2168	33	1	36.5974	3.597396
22	33.33	27.6	1756	35.3	0.9832	32.49056	-2.80944
23	30.07	27.6	2072	30.6	0.9832	34.40957	3.809569
24	32.71	26.8	1904	34	0.9956	35.32038	1.320383
25	25.11	27.1	2806	39.3	1.0081	39.25252	-0.04748
26	26.97	28.6	2440	48.6	1.0299	40.80607	-7.79393
27	25.89	27	2698	34.3	1.0067	39.03053	4.730533
28	34.1	28	1808	33.5	0.9749	32.998	-0.502
29	30.69	27.3	2268	34.2	0.9889	37.50105	3.301051
30	28.52	28.9	2238	35.4	1.0043	37.54018	2.140179

显然，测控误差还是在一定范围内存在，但是其精度已经明显得到了提高。

4.3.4　数据分析

为了更好地研究模糊推理与原软测量模型之间的应用对比，有必要进行数据分析。纸浆卡伯值模糊测控的评价标准主要有以下三个内容：

1）实际预测误差。该值表示仪表测量值减去预测值的绝对值，即 $\Delta = |$实际测量值－预测值$|$。

2）均方根平均值。均方根物理上也称作为效值，它的计算方法是先平方，再平均，然后开方。

3）平均误差值。设 x_1，x_2，$\cdots$，x_n 为各次的预测误值（$n=$次数），则算术平均误差值为

$$\overline{x} = \frac{x_1 + x_2 + \cdots + x_n}{n} = \frac{\sum\limits_{i=1}^{n} x_i}{n} \tag{4-25}$$

从表 4-5 可以看出，应用模糊推理方法来测控纸浆卡伯值要明显比原测量模型的预测结果好一些，这是因为原有模型在造纸厂的应用相对成功，只是局限于纸浆原料类型等原因，而基于模型的模糊推理方法又对原模型的输入空间进行模糊划分，模糊划分使模糊推理模型输出空间在模糊划分处更加符合造纸厂卡伯值测控系统的真实模型。

表 4-5　原模型与模糊推理模型的应用对比

评价标准	原软测量模型	模糊推理模型	结果/%
|实测值-预测值|≤5	86.7%	96.7%	精度上升 10
|实测值-预测值|≤3	70%	73.3%	精度上升 3.3
|实测值-预测值|≤2	50%	60%	精度上升 10
均方根	3.423	2.633318	精度上升 30
平均误差	0.375	0.27075	精度上升 30

因此，利用基于模型的模糊推理方法来测控卡伯值不仅容易使用，而且有利于造纸厂的蒸煮过程控制，提高效率和节能率，至于其不同的参数 a 和 b，可以通过其他更加成熟的方法来进行准实时修改。

4.3.5　基于卡伯值控制的变频电动阀

图 4-33 所示为间歇蒸煮器的生成能力控制，其中 f 为卡伯值，通过 2（即生产能力

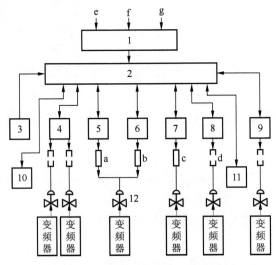

图 4-33　间歇蒸煮器的生成能力控制

1—人机联系；2—生产能力控制程序、每个蒸煮器及公用设备的操作；3—锅盖的开和盖；
4—白液和黑液的注液；5—预通气及升温速度；6—蒸煮压力及温度；7—小放气及自动反喷；
8—循环及温度差；9—放锅热回收；10—木片装锅；11—喷放阀；12—通气阀；
a—流量；b—压力；c—小放气；d—循环；e—生产能力(t/d)；f—卡伯值；g—木片特征

控制程序）与相关的电动阀进行关联，其中 12 通气阀为需要实时调整的变频电动阀，如图 4-34 所示，根据卡伯值预测来选择蒸汽的流量。

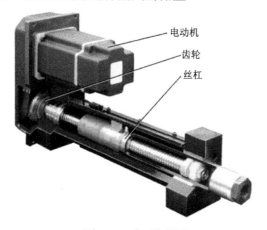

图 4-34　电动阀结构

首先经过离线调试，确定变频器和蒸煮器卡伯值的各项参数后，进行阀门变频器控制在线测试及连续运行试验。实际运行中，每次开关阀门操作引起的蒸汽压力变化都小于 0.3kPa，完全能够满足工艺压力调节的需求。在线测试满足工艺要求后，关闭旁通阀，完全用电动阀进行控制。经过在线连续运行试验观察，变频器和电动阀状态都很良好，没有异音、振动等异常情况。而且由于变频器是软起动特性，通过逐渐增加电压和频率来达到全速运转，起动电流很小，大大减小了对电动头的冲击，更好地保证了电动阀频繁点动的操作，有利于延长设备的寿命和保持设备的性能。工艺操作也非常可靠自如，每次点动，阀门响应都很正常、快速，基本上只要点动一次就能起到较满意的调节效果，完全可以长时间正常投入使用。图 4-35 所示为该变频电动阀于 0.35s 根据卡伯值控制进行阀门调整，得到阀门机械转速 ω_r、电磁转矩 T_e、定子磁链 ψ_s 和定子相电流 I_a 波形。

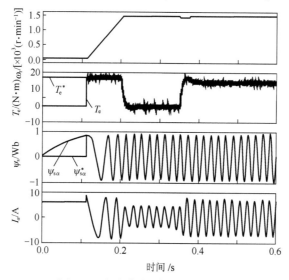

图 4-35　阀门机械转速等参数波形

应用变频器进行电动阀控制，不但使开度控制精度大大提高，而且具有非常好的调节灵活性，可根据需要随时进行调整，以满足更高的调节要求。

4.4　基于 Elman 模型的连续配浆变频控制

4.4.1　连续配浆系统概述

在造纸流程中，配浆是指用各种不同的纸浆、填料、胶料、染料等添加物料，以一定的百分数配比成混合浆，以适应生产不同要求的纸品。配浆过程有连续和间歇两种系统，前者是目前主流的方式，用于车速高的纸品；后者造纸效率比较低，目前逐渐处于淘汰阶段。

图 4-36 所示为传统的配浆系统自动调节方案，浆料分为 A、B、C 三种，添加物料分为 X、Y 两种。它以纸浆浆池的液位调节系统作为主调节回路，液位调节器的输出信号控制浆泵的转速。当纸浆用量发生变化时，浆池的液位也会发生变化，添加物料也随供浆量的增减同步增减。比值器控制浆料的调节阀门，根据各分流器不同的分流比，各种物料之间便按照预定的比例进行配比控制。

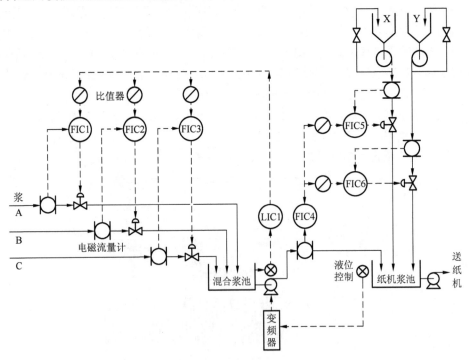

图 4-36　连续送浆控制

由于配浆系统在前，造纸在后，如果采用反馈闭环，将无法确保快速有效的纸浆供给，所以一般都是以经验值加上反馈闭环进行。这里提出了一种基于 Elman 神经网络的车速预测，确保纸浆供应正常。

4.4.2　Elman 神经网络基础

Elman 神经网络是一种典型的动态神经元网络，它是在 BP 神经网络基本结构的基础上，通过存储内部状态使其具备映射动态特征的功能，从而使系统具有适应时变特性的能力。

Elman 神经网络一般分为 4 层：输入层、隐含层（中间层）、承接层和输出层，如图 4-37 所示。其输入层、隐含层和输出层的连接类似于前馈网络。输入层的单元仅起信号传输作用；输出层单元起线性加权作用；隐含层单元的传递函数可采用线性或非线性函数；承接层又称为上下文层或状态层，用来记忆隐含层单元前一时刻的输出值，可以认为是一个一步延时算子。

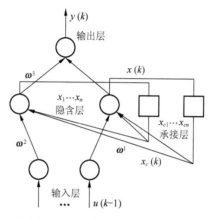

图 4-37　Elman 神经网络结构示意图

Elman 型神经网络的特点是隐藏层的输出通过结构单元的延迟、存储，自联到隐藏层的输入，这种自联方式使其对历史状态的数据具有敏感性，内部反馈网络的加入增加了网络本身处理动态信息的能力，有利于动态过程的建模。此外，Elman 神经网络的动态特性仅由内部连接提供，无需使用状态作为输入或训练信号，这也是 Elman 神经网络相对于静态前馈网络的优越之处。

如图 4-37 所示，设网络的外部输入 $u(k-1) \in \mathrm{R}$，输出 $y(k) \in \mathrm{R}$，若记隐含层的输出为 $x(k) \in \mathrm{R}$，Elman 神经网络的非线性状态空间表达式为

$$\begin{cases} y(k) = g(\boldsymbol{\omega}^3 \boldsymbol{x}(k)) \\ \boldsymbol{x}(k) = f(\boldsymbol{\omega}^1 \boldsymbol{x}_c(k) + \boldsymbol{\omega}^2 \boldsymbol{u}(k-1)) \\ \boldsymbol{x}_c(k) = \boldsymbol{x}(k-1) \end{cases} \tag{4-26}$$

其中，k 表示时刻，$\boldsymbol{y}$，$\boldsymbol{x}$，$\boldsymbol{u}$，$\boldsymbol{x}_c$ 分别表示一维输出节点向量，一维隐含层节点单元向量，一维输入向量和一维反馈状态向量；$\boldsymbol{\omega}^3$，$\boldsymbol{\omega}^2$，$\boldsymbol{\omega}^1$ 分别表示隐含层到输出层、输入层到隐含层、承接层到隐含层的连接权值矩阵；$f(\bullet)$ 为隐含层神经元的传递函数，这里采用 tansig 函数表示；$g(\bullet)$ 为输出层传递函数，采用 purelin 函数。由（4-26）式可得

$$\boldsymbol{x}_c(k) = \boldsymbol{x}(k-1) = f((\boldsymbol{\omega}_{k-1}^1 \boldsymbol{x}_c(k-1) + \boldsymbol{\omega}_{k-1}^2 \boldsymbol{u}(k-2)) \tag{4-27}$$

又由于 $\boldsymbol{x}_c(k-1) = \boldsymbol{x}(k-2)$，上式可以继续展开。说明 $\boldsymbol{x}_c(k)$ 依赖于过去不同时刻的

连接权值 $\boldsymbol{\omega}_k^1, \boldsymbol{\omega}_k^2, \cdots$，即 $\boldsymbol{x}_c(k)$ 是一个动态递推过程。

Elman 神经网络学习算法采用的是优化的梯度下降算法，即自适应学习速率动量梯度下降反向传播算法，它既能提高网络的训练效率，又能有效抑制网络陷入局部极小点。学习的目的是用网络的实际输出值与输出样本值的差值来修改权值和阈值，使得网络输出层的误差平方和最小。设第 k 步系统的实际输出向量为 $\boldsymbol{y}_d(k)$，在时间段 $(0,T)$ 内，定义误差函数为

$$E = \frac{1}{2}\sum_{k=1}^{T}[\boldsymbol{y}_d(k) - \boldsymbol{y}(k)]^2 \tag{4-28}$$

以 $\boldsymbol{\omega}^3$，$\boldsymbol{\omega}^2$ 分为例，将 E 对 $\boldsymbol{\omega}^3$，$\boldsymbol{\omega}^2$ 分别求偏导，可得权值修正公式为

$$\begin{cases} \Delta\boldsymbol{\omega}_{ij}^3(k+1) = (1-mc)\eta[\boldsymbol{y}_d(k)-\boldsymbol{y}(k)]^{\intercal}g'(\bullet)\boldsymbol{x}_j(k) + mc\Delta\boldsymbol{\omega}_{ij}^3(k) \\ \Delta\boldsymbol{\omega}_{jq}^3(k+1) = (1-mc)\eta[\boldsymbol{y}_d(k)-\boldsymbol{y}(k)]^{\intercal}f_j'(\bullet)\boldsymbol{u}_q(k-1) + mc\Delta\boldsymbol{\omega}_{jq}^2(k) \end{cases} \tag{4-29}$$

其中，j=1，2，$\cdots$，m；q=1，2，$\cdots$，n；η 为学习速率，mc 为动量因子，默认值为 0，9。这样在进行更新时不仅考虑了当前梯度方向，还考虑了前一时刻的梯度方向，降低了网络性能对参数调整的敏感性。

4.4.3 基于 Elman 神经网络的纸机车速预测

某造纸厂一般连续生产不断纸时间在 48h 左右，其车速的变化规律如下：先从较低速度开始进行引纸、工艺调整，然后速度逐渐提高，等 24h 后会达到最高速度，最后保持一定的运行时间，接下来需要进行更换刮刀、损纸处理等，又会慢慢将速度调低，直至由于其他原因断纸或自然停机。图 4-38 所示为造纸厂断纸原因及时间概率。

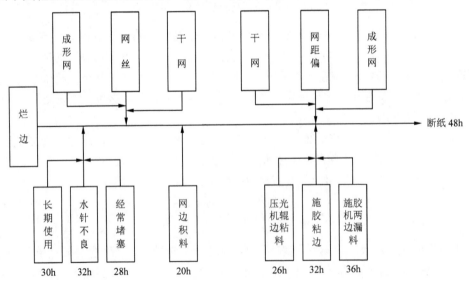

图 4-38　断纸原因及时间概率

利用神经网络对纸机速度进行预测，实际上是利用神经网络可以以任意精度逼近任一非线性函数的特性及通过学习历史数据建模的优点。而在各种神经网络中，反馈式神

经网络具有输入延迟的特点，从而适合应用于纸机车速预测。根据纸机车速的历史数据，选定反馈神经网络的输入、输出节点，反映纸厂纸机车速运行的内在规律，从而达到预测未来时段车速的目的，如图 4-39 所示。

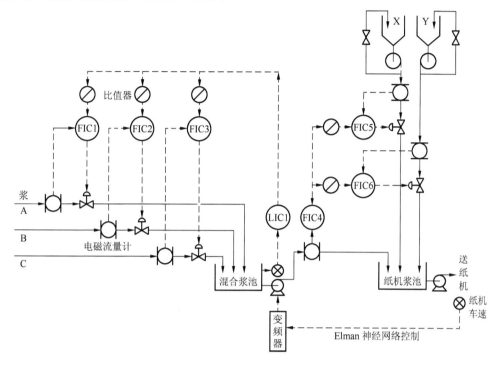

图 4-39　基于 Elman 神经网络的纸机测速预测

表 4-6 所示为纸机车速历史数据，利用前 3 天的数据作为网络的训练样本，每 3 天的车速作为输入向量，第 4 天的车速就可以作为目标向量，这样就可以得到 5 组训练样本。第 9 天的数据作为网络的测试样本，验证网络能否合理地预测出当天的车速。

表 4-6　纸机车速历史数据

t \ d	1	2	3	4	5	6	7	8	9
1	0.2230	0.5780	0.2830	0.5240	0.1110	0.6820	0.2650	0.5830	0.1910
2	0.4320	0.4430	0.5610	0.4760	0.3640	0.5510	0.4470	0.4760	0.4570
3	0.5350	0.2120	0.6320	0.1630	0.6430	0.1690	0.5230	0.1580	0.5980

注：t 表示一天内三个典型的时间点，8:00、16:00 和 24:00；d 表示第几天。

在纸机车速预测中，隐含层神经元的数目是非常重要的，它的选取结果直接影响到网络的性能好坏。如果隐含层的神经元数量太少，网络就不能够很好地学习，即便可以学习，需要训练的次数也非常多，训练的精度也不高。当隐含层神经元的数目在一个合理的范围内时，增加神经元的个数可以提高网络训练的精度，还可能降低训练的次数。但是，当超过这一范围后，如果继续增加神经元的数量，网络训练的时间又会增加，甚至还有可能引起其他的问题。

MATLAB 实现代码如下：

```
%% 清空环境变量
clc;
clear all
close all
nntwarn off;
%% 数据载入
load data;
a=data;
%% 选取训练数据和测试数据
for i=1:6
    p(i,:)=[a(i,:),a(i+1,:),a(i+2,:)];
end
% 训练数据输入
p_train=p(1:5,:);
% 训练数据输出
t_train=a(4:8,:);
% 测试数据输入
p_test=p(6,:);
% 测试数据输出
t_test=a(9,:);
% 为适应网络结构,做转置
p_train=p_train';
t_train=t_train';
p_test=p_test';
%% 网络的建立和训练
% 利用循环，设置不同的隐藏层神经元个数
nn=[6 8 12 15];
for i=1:4
    threshold=[0 1;0 1;0 1;0 1;0 1;0 1;0 1;0 1;0 1];
    % 建立 Elman 神经网络 隐藏层为 nn(i) 个神经元
    net=newelm(threshold,[nn(i),3],{'tansig','purelin'});
    % 设置网络训练参数
    net.trainparam.epochs=1000;
    net.trainparam.show=20;
    % 初始化网络
    net=init(net);
    % Elman 网络训练
    net=train(net,p_train,t_train);
    % 预测数据
    y=sim(net,p_test);
    % 计算误差
    error(i,:)=y'-t_test;
end
```

```
%% 通过作图,观察不同隐藏层神经元个数时,网络的预测效果
plot(1:1:3,error(1,:),'-ro','linewidth',2);
hold on;
plot(1:1:3,error(2,:),'b:x','linewidth',2);
hold on;
plot(1:1:3,error(3,:),'k-.s','linewidth',2);
hold on;
plot(1:1:3,error(4,:),'c--d','linewidth',2);
title('Elman 预测误差图')
set(gca,'Xtick',[1:3])
legend('6','8','12','15','location','best')
xlabel('时间点')
ylabel('误差')
hold off
```

图 4-40 所示为隐含层神经元数目为 15 时的 Elman 网络。

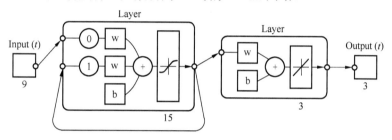

图 4-40 隐含层神经元数目为 15 时的 Elman 网络

这里分别取 6、8、12、15 这 4 个不同的隐藏层神经元个数,并对比结果,发现当取 8 时仿真结果较好,如图 4-41 所示。

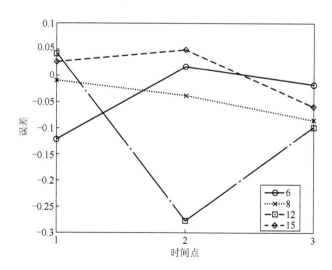

图 4-41 Elman 神经网络预测误差图

Elman 神经网络能较好地预测纸机车速趋势,但造纸系统本身很复杂,且影响纸机

车速的因素很多，在训练过程中应尽量获取更多的样本数，才能得出准确率高的结果，为配浆系统提供更准确的依据。

4.4.4　改进型 Elman 神经网络

由于 Elman 神经网络只针对隐含层节点的反馈进行了设计，没有考虑输出层节点的反馈信息，实际上各层神经元的反馈信息对网络信号的处理能力都有所影响。因此，本书对具有输出–输入反馈机制的改进型 Elman 网络进行改进，改进型 Elman 神经网络结构如图 4-42 所示。

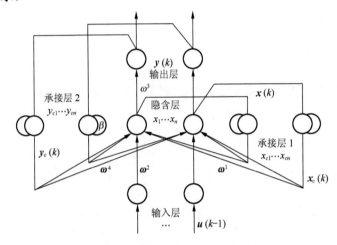

图 4-42　改进型 Elman 神经网络结构

改进型 Elman 网络增加了输出节点反馈，称之为承接层 2，并将它与输入单元和承接层 1 一起作为隐含层节点的输入，$0 \leqslant \beta < 1$ 为其自连接反馈增量因子，权值记为 ω^4。

改进型 Elman 网络的数学模型为

$$\begin{cases} \boldsymbol{x}(k) = f(\boldsymbol{\omega}^1 \boldsymbol{x}_c(k) + \boldsymbol{\omega}^2 \boldsymbol{u}(k) + \boldsymbol{\omega}^4 \boldsymbol{y}_c(k)) \\ \boldsymbol{x}_c(k) = a\boldsymbol{x}_c(k-1) + \boldsymbol{x}(k-1) \\ \boldsymbol{y}_c(k) = \beta \boldsymbol{y}_c(k-1) + \boldsymbol{y}(k-1) \\ \boldsymbol{y}(k) = g(\boldsymbol{\omega}^3 \boldsymbol{x}(k)) \end{cases} \quad （4\text{-}30）$$

其中，$\boldsymbol{y}$ 为 m 维输出节点向量；$\boldsymbol{x}$ 为 n 维隐含层节点单元向量；$\boldsymbol{u}$ 为 r 维输入向量；$\boldsymbol{x}_c$ 为承接层 1 的 n 维反馈状态向量；$\boldsymbol{\omega}^3$ 为隐含层到输出层连接权值；$\boldsymbol{\omega}^2$ 为输入层到隐含层连接权值；$\boldsymbol{\omega}^1$ 为承接层 1 到隐含层连接权值；$\boldsymbol{\omega}^4$ 为承接层 2 到隐含层层连接权值；$g(\cdot)$ 为输出层神经元的传递函数，是隐含层输出的线性组合；$f(\cdot)$ 为隐含层神经元的传递函数，常采用 S 型函数。

第 5 章　压缩机专用变频器的智能控制策略

压缩机是一种将低压气体提升为高压气体的从动流体机械，广泛应用于气体压缩与制冷领域。本章重点介绍活塞往复压缩机和螺杆压缩机，分析其负载模型和力矩；引入模糊 PID 控制方案到螺杆压缩机永磁同步电动机的变频控制中，使模糊控制器根据指定转速与实际转速的偏差值、偏差积分及转速偏差的变化自动调节控制参数，避免随着系统定值增加，系统出现过大超调，有效抑制控制系统初期系统超调量；在变频压缩机主机故障中，研究和分析了自组织映射（SOM）神经网络的结构和算法，把 SOM 网络应用到压缩机故障诊断中并由变频器进行故障动作，利用振动传感器、温度传感器和噪声传感器拾取相关信号，通过对输入样本的聚类，实现对故障的自动分类和后续保护。

5.1　压缩机负载的数学模型

5.1.1　压缩机概述

压缩机是一种将低压气体提升为高压气体的流体机械，是燃气系统、制冷系统、空气压缩系统的心脏。压缩机分为活塞往复压缩机（以下简称往复压缩机）、螺杆压缩机、涡旋压缩机、离心压缩机、直线压缩机等。

往复压缩机是靠一个或几个作往复运动的活塞来改变压缩腔内部容积的容积式压缩机[图 5-1（a）]。它主要由三大部分组成：运动机构（包括曲轴、轴承、连杆、十字头、皮带轮或联轴器等），工作机构（包括气缸、活塞、气阀等），机身。此外，压缩机还配有三个辅助系统：润滑系统、冷却系统和调节系统。

螺杆压缩机汽缸内装有一对互相啮合的螺旋形阴阳转子[图 5-1（b）]，两转子都有

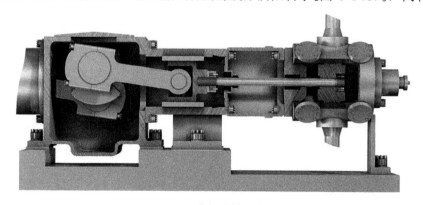

（a）往复压缩机

图 5-1　压缩机结构

（b）螺杆压缩机的螺旋形阴阳转子

图 5-1（续）

几个凹形齿，两者互相反向旋转。主转子（又称阳转子或凸转子）由电动机驱动，另一转子（又称阴转子或凹转子）由主转子端和凹转子端的同步齿轮驱动。转子的长度和直径决定压缩机排气量（流量）和排气压力，转子越长，压力越高；转子直径越大，流量越大。

5.1.2　活塞往复压缩机负载的数学模型

1. 运动学分析

往复压缩机是各类压缩机中发展最早的一种，目前在很多场合还在大量应用。在往复压缩机中，活塞-曲柄连杆机构是主要的运动部件，其最大特点是气缸中心线通过曲轴的回转中心，并垂直于曲柄的回转轴线。

由图 5-2 的几何关系，可求得往复压缩机活塞的位移、速度和加速度。ω 为曲柄的角速度，x 为由原点 O 沿 x 轴测得的 B 点的位置。连杆长度 $AB = l$；曲柄与连杆长度之比 $\lambda = r / l$；当时间为 t 时，曲柄转角 $\theta = \omega t$。

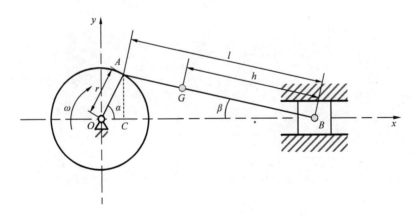

图 5-2　往复压缩机结构几何模型

1）活塞的位移为

$$x(t) = r\cos\alpha + l\cos\beta$$

因为

$$\lambda = \frac{r}{l} = \frac{\sin\beta}{\sin\alpha}$$

$$\cos\beta = \sqrt{1 - \sin^2\beta} = \sqrt{1 - \lambda^2\sin^2\alpha}$$

所以

$$x = r\cos\alpha + l\sqrt{1 - \lambda^2\sin^2\alpha} \tag{5-1}$$

一般，连杆的长度都远大于曲柄的长度，λ 值一般都小于 1/3.5，$|-\lambda^2\sin^2\alpha| \leqslant 1$，按二项式定理

$$\sqrt{1+x} = (1+x)^{1/2} = 1 + \frac{1}{2}x - \frac{1}{2\cdot4}x^2 + \frac{1\cdot3}{2\cdot4\cdot6}x^3 - \frac{1\cdot3\cdot5}{2\cdot4\cdot6\cdot8}x^4 + \cdots$$

展开式（5-1），略去 λ 的高次项，得到活塞位移公式

$$x = r\cos\alpha + l - \frac{r\lambda}{4} + \frac{r\lambda}{4}\cos2\alpha$$

即

$$x = r\cos\omega t + l - \frac{r\lambda}{4} + \frac{r\lambda}{4}\cos2\omega t \tag{5-2}$$

2）活塞的速度为

$$v = x'(t) = \frac{dx}{dt} = \frac{dx}{d\alpha}\frac{d\alpha}{dt} = \omega\frac{dx}{d\alpha} = -r\omega\left(\sin\omega t + \frac{\lambda}{2}\sin2\omega t\right) \tag{5-3}$$

3）活塞的加速度为

$$a = x''(t) = r\omega^2(\cos\alpha + \lambda\cos2\alpha)$$

即

$$a = r\omega^2(\cos\omega t + \lambda\cos2\omega t) \tag{5-4}$$

2. 力学分析

设活塞质量为 m_B，则往复压缩机运行时，作用在往复运动活塞上的惯性力为往复惯性力 Q_H。若连杆非常长，即 λ 很小时，活塞部分的往复惯性力 Q_H 为

$$Q_H = m_B x'' = m_B a = m_B r\omega^2\cos\alpha = m_B r\omega^2\cos\omega t$$

若连杆很短时，则活塞部分的惯性力 Q_H 为

$$Q_H = m_B x'' = m_B a = m_B r\omega^2(\cos\alpha + \cos2\alpha)$$

如图 5-3 所示，P_c 沿连杆中心线方向，称为连杆推力；P_q 为周期性循环变化的气体压力；活塞受到的侧向力 P_H，P_H 垂直于气缸壁。则

$$m_B x'' = -P_q + P_c\cos\beta$$

$$P_c\cos\beta = P_q + m_B r\omega^2(\cos\omega t + \lambda\cos2\omega t) \tag{5-5}$$

将式（5-5）代入 $P_H = P_c\sin\beta = P_c\cos\beta\tan\beta$，得到

$$P_H = P_c\cos\beta\tan\beta = [P_q + m_B r\omega^2(\cos\omega t + \lambda\cos2\omega t)]\tan\beta \tag{5-6}$$

已知 $\sin\beta = \lambda\sin\alpha$ ，将其代入式（5-6），得到

$$P_{\mathrm{H}} = [P_{\mathrm{q}} + m_{\mathrm{B}}r\omega^2(\cos\omega t + \lambda\cos 2\omega t)]\frac{\lambda\sin\omega t}{\sqrt{1 - \lambda^2\sin^2\omega t}} \qquad (5\text{-}7)$$

曲柄做圆周运动时，产生的惯性力在 x 方向和 y 方向的分量分别为

$$Q_{\mathrm{Q}x} = m_{\mathrm{Q}}r\omega^2\cos\omega t\ , \quad Q_{\mathrm{Q}y} = m_{\mathrm{Q}}r\omega^2\sin\omega t \qquad (5\text{-}8)$$

与连杆大端配合的曲柄销处，除连杆推力 P_{c} 外，还有连杆大端回转质量产生的离心力的作用。曲柄在曲柄销处给予连杆的力 P_{c} ，分解为沿着曲柄方向的法向力 P_{N} 和与曲柄方向垂直的切向力 $P_{\mathrm{\tau}}$ ，其中 $P_{\mathrm{N}} = P_{\mathrm{c}}\cos(\alpha + \beta)$ ， $P_{\mathrm{\tau}} = P_{\mathrm{c}}\sin(\alpha + \beta)$ 。

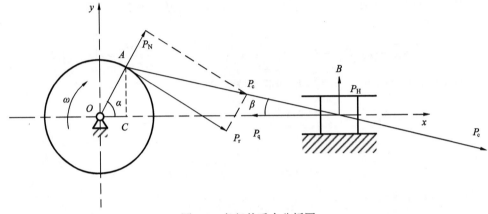

图 5-3 各部件受力分析图

设连杆的质量为 m_{L} ，大端的集中质量为其回转质量，表示为 $m_{\mathrm{L}}\left(1 - \dfrac{h}{l}\right)$ 。连杆作平面运动，曲柄作定轴转动。取连杆 AB 为研究对象， A 点速度 v_A 的大小为 $v_A = r\omega$ ，其方向垂直于曲柄 OA ，指向 ω 的转向方向。图 5-4 所示为往复压缩机的部件运动分析图。

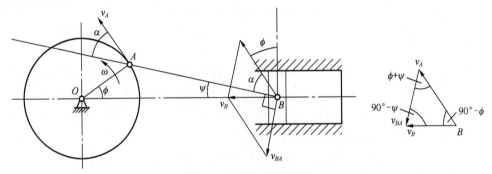

图 5-4 部件运动分析图

选 A 点为基准点，有

$$\boldsymbol{v}_B = \boldsymbol{v}_A + \boldsymbol{v}_{BA}$$

其中， $\boldsymbol{v}_A$ 的大小和方向均已知， B 点的速度 $\boldsymbol{v}_B$ 的方位已知，即沿着水平直线（气缸轴线）， B 点相对于 A 点的速度 $\boldsymbol{v}_{BA}$ 的大小为 $v_{BA} = l\omega_{BA}$ ， $\boldsymbol{v}_{BA}$ 垂直于连杆 AB 。按照矢量方程做速度平行四边形，或做矢量三角形，根据正弦定理可得

$$\frac{v_A}{\sin(90°-\psi)} = \frac{v_B}{\sin(\phi+\psi)} = \frac{v_{BA}}{\sin(90°-\phi)}$$

因此

$$v_{BA} = \frac{\cos\phi}{\cos\psi}v_A = \frac{\cos\phi}{\cos\psi}\omega r$$

则连杆的转动角速度 $\omega_{BA} = \dfrac{v_{BA}}{l} = \omega\dfrac{r}{l}\dfrac{\cos\phi}{\cos\psi} = \omega\lambda\dfrac{\cos\phi}{\cos\psi}$

连杆大端回转质量产生的离心力为

$$Q_L = m_L\left(\omega\lambda\frac{\cos\alpha}{\cos\beta}\right)^2\left(1-\frac{h}{l}\right)(l-h) \tag{5-9}$$

作用在连杆小端处的力，包括沿往复运动轴线 x 轴方向作周期性循环变化的气体压力 P_q 和活塞往复运动产生的往复惯性力 Q_H，故作用于连杆小端处的沿轴线方向 x 的总作用力为

$$P = P_q + Q_H$$

与电动机相连接的曲柄的质量为 m_X，质心距离转轴 O 的半径为 r_0，则作用在曲柄销处的离心力为 $m_X\omega^2 r_0$。

3. 力矩分析

1）缸内气体压力产生的力矩。作用在活塞上的气体压力沿连杆方向的作用力为 $P_q\sec\beta$，则气缸压力对曲柄产生的力矩为

$$M_P = P_q\sec\beta \cdot r\sin(\alpha+\beta) \tag{5-10}$$

2）活塞惯性力产生的力矩。活塞惯性力沿连杆方向的作用力为 $Q_H\sec\beta$，对曲柄产生的力矩为

$$\begin{aligned}
M_Q &= Q_H\sec\beta \cdot r\sin(\alpha+\beta)\\
&= m_B x''\sec\beta \cdot r\sin(\alpha+\beta)\\
&= m_B r^2\omega^2(\cos\alpha+\cos 2\alpha)\sec\beta\sin(\alpha+\beta)\\
&\approx m_B r^2\omega^2\left(\frac{\lambda}{4}\sin\omega t - \frac{\lambda}{2}\sin 2\omega t - \frac{3\lambda}{4}\sin 3\omega t - \frac{\lambda}{4}\sin 4\omega t\right)
\end{aligned} \tag{5-11}$$

3）作用在曲柄销上的力对曲柄轴产生的力矩为

$$M_{P_H} = P_H r\cos\alpha \tag{5-12}$$

4）活塞运动对气缸壁产生的作用力对曲柄轴产生的力矩为

$$M_{JT} = P_H r\frac{\sin(\alpha+\beta)}{\sin\beta} \tag{5-13}$$

5.1.3　螺杆压缩机的数学模型

为了预测机组的部分负荷性能，一个能准确预测螺杆压缩机部分负荷性能的模型是

必不可少的。滑阀是目前螺杆压缩机容量调节中最常用的方法，它不仅具有制造成本低的特点，同时滑阀调节也可以使螺杆压缩机得到很好的部分负荷性能。这里就以滑阀调节为例，建立螺杆压缩的部分负荷预测模型。

1. 螺杆压缩机的容积效率

黄忠等对螺杆压缩机的压缩过程进行分析，给出了以下形式的螺杆压缩机容积效率模型。

$$\eta_v = a\frac{p_1 v_1}{T_2}\left(\frac{p_2}{p_1}\right)^{\frac{k-1}{k}} + b\frac{p_2 - p_1}{V_0}v_1 \tag{5-14}$$

其中，p_1、p_2 为压缩机的吸、排气压力，单位为 Pa；v_1 为压缩机的吸气比容，单位为 m^3/kg；T_2 为压缩机排气温度，单位为 K；k 为多变压缩指数；a、b 为回归系数，由实验数据回归得出。

在黄忠等分析的基础上，可以推导出以下容积效率计算公式

$$\eta_v = a\varepsilon^{\frac{1}{k}}\varepsilon^{-1} + \left(b + c\varepsilon^{-1}\right)\varepsilon^{\frac{1}{2k}}\sqrt{2v_1\left(p_2 - p_1\right)} \tag{5-15}$$

其中，$\varepsilon = \dfrac{p_2}{p_1}$，为吸排气压力比；$a$、$b$ 为回归系数，由实验数据回归得出。

经实测数据验证，式（5-15）比式（5-14）有更宽广的适用范围。

2. 螺杆压缩机的压缩过程

图 5-5 为螺杆压缩机的压缩过程示意图。从图中可以看出，螺杆压缩机的压缩过程存在两种泄漏：第一种是直接漏入压缩机吸气口，直接影响压缩机的容积效率；第二种是从高压工作容积泄漏到低压工作容积，这种泄漏不影响容积效率，而影响压缩过程的功耗。

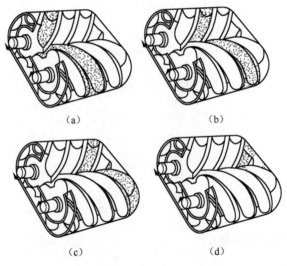

（a）　　　　　　　　　　（b）

（c）　　　　　　　　　　（d）

图 5-5　螺杆压缩机的压缩过程

对于第二种泄漏，可以采用内泄漏效率 η_n 来进行描述，这样压缩机的输入功率可由如下公式计算：

$$P = \frac{\rho_s V w_s}{\eta_m \eta_{V_i} \eta_n} \tag{5-16}$$

其中，ρ_s 为吸气密度，单位为 kg/m^3；V 为压缩机排气量，单位为 m^3/s，且 $V = \eta_v V_0$，V_0 为理论排气量；w_s 为等熵压缩过程比功，单位为 kJ/kg；η_m 为电动机效率，可由电动机厂家提供；η_{V_i} 为内容积比效率，且 $\eta_{V_i} = \dfrac{\left[k/(k-1)\right]\left(\varepsilon^{k-1/k}-1\right)}{\left[k/(k-1)\right]\left(V_i^{k-1}-1\right)+\left(\varepsilon-V_i^k\right)/V_i}$；$V_i$ 为压缩机内容积比。

3. 压缩机的内容积比

螺杆压缩机所使用的滑阀形状如图 5-6 所示。

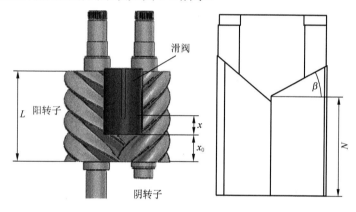

图 5-6　螺杆压缩机的滑阀

滑阀在油缸内活塞的推动下，可以沿着螺杆的轴线方向滑动，从而改变螺杆的有效长度，使得部分吸气直接旁通至吸气口。随着滑阀的移动，螺杆压缩机的内容积比也发生变化，内容积比与滑阀位置的变化关系可由式（5-17）计算，即

$$V_i = \begin{cases} \dfrac{L}{L + \dfrac{T_1 R_1 \tan\phi_1}{Z_1} - N} & x = 0 \\[4mm] \dfrac{L - x - x_0}{L + \dfrac{T_1 R_1 \tan\phi_1}{Z_1} - N - x} & \dfrac{L + \dfrac{T_1 R_1 \tan\phi_1}{Z_1} - N - x}{L} < V_{ia} \\[4mm] \dfrac{L - x - x_0}{L} V_{ia} & \dfrac{L + \dfrac{T_1 R_1 \tan\phi_1}{Z_1} - N - x}{L} > V_{ia} \end{cases} \tag{5-17}$$

其中，L 为螺杆长度，单位为 m；T_1 为阳转子导程，单位为 m；R_1 为阳转子齿顶圆半径，单位为 m；ϕ_1 为阳转子螺旋角；Z_1 为阳转子齿数；V_{ia} 为轴向排气孔口内容积比；N、x_0、x 为几何尺寸，如图 5-6 所示。

设计一个内容积比为 $V_i=2.2$，轴向排气孔口内容积比为 $V_{ia}=4.0$ 的螺杆压缩机，其内容积比与滑阀位置的关系如图 5-7（a）所示。

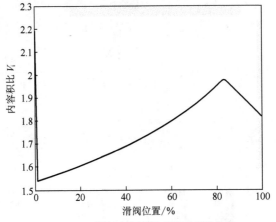

（a）压缩机内容积比与滑阀位置的关系

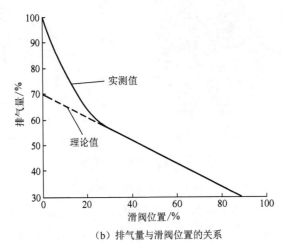

（b）排气量与滑阀位置的关系

图 5-7　压缩机内容积比、排气量与滑阀位置的关系

然而，滑阀在刚刚脱离起始端座的距离时，转子的有效长度虽然会突变，却并不会引起压缩机排气量的突变，压缩机排气量与滑阀位置的关系如图 5-7（b）所示，根据滑阀位置与内容积比的关系和排气量的关系，可以得到压缩机排气量（负荷百分比）与内容积比的关系，如图 5-8（a）所示，从而可以计算在不同排气量下压缩机的内容积比效率。

随着螺杆有效长度的缩短，在压比不变的情况下，沿螺杆轴向的单位长度压降增大，从而引起内泄漏的增加，因此压缩机的内泄漏效率应存在如式（5-18）所示的关系，即

$$\eta_n = \eta_{n100\%} f(\alpha) \tag{5-18}$$

其中，$\eta_{n100\%}$ 为 100％工况下压缩机内泄漏效率，可由压缩机满负荷变工况测试数据回归得到；$f(\alpha)$ 为负荷修正函数，可根据实验数据拟合得出；α 为排气量百分比。

图 5-8（b）给出了某一型号压缩机的实测负荷修正系数与负荷百分比的关系，从图中可以看出修正系数随着排量的减小而减小，近似为直线关系，可以采用线性拟合来近似描述它，即

$$f(\alpha)=0.00294\alpha+0.706 \tag{5-19}$$

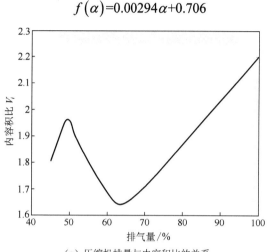

（a）压缩机排量与内容积比的关系

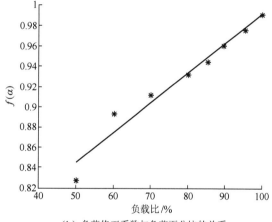

（b）负荷修正系数与负荷百分比的关系

图 5-8　压缩机排量、负荷曲线

将负荷修正函数带入模型后，预测的压缩机部分负荷功率与实测值的比较如图 5-9 所示。从图中可以看出，随着压缩机排气量的减小，压缩机的输入功率也逐渐减小，在 50％排气量时，功率曲线有个拐点，结合压缩机排气量与内容积比的关系可以知道，在此拐点排气量时，压缩机的径向孔口失去作用，故而出现拐点。从图中还可以看出，所建模型的预测结果与实验测试结果符合的很好，预测误差与测试值比较，最大误差小于 2％。

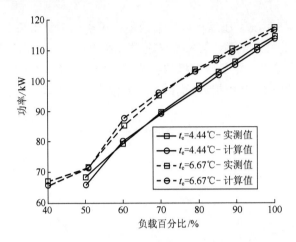

图 5-9　模型计算部分负荷功率与实测值的比较

5.2　压缩机交流永磁同步电动机的模糊控制

5.2.1　压缩机采用交流永磁同步电动机的原因

压缩机采用交流永磁同步电动机具有如下优点。

1. 效率高

交流永磁同步电动机效率高不仅仅指额定功率点的效率高于普通三相异步电动机，而是指在整个调速范围内的平均效率。交流永磁同步电动机的励磁磁场由永磁铁提供，转子不需要励磁电流，电动机效率提高。由图 5-10（a）可以看出，与异步电动机调速相比，交流永磁同步电动机任意转速点均节约电能，在转速低的时候这种优势尤其明显。

2. 力能指标好

电动机的力能指标是指电动机效率与功率因数的乘积。异步电动机在负荷下工作时，其效率、功率因数、力能指标均下降。异步电动机转子绕组要从电网吸收部分电能励磁，使得电动机的效率及功率因数较低，尤其电动机在负载率小于50%时，两者都会大幅度下降。而交流永磁同步电动机的效率和功率因数更近似一条水平曲线，如图 5-10（b）所示，即当电动机只有部分负荷时，交流永磁同步电动机的力能指标仍为满负荷以上，这进一步提高了电能的使用效率和电网的品质因数。

3. 体积小、重量轻

由于使用了高性能的永磁材料提供磁场，交流永磁同步电动机的气隙磁场较感应电动机大为增强，交流永磁同步电动机的体积和重量较感应电动机可以大大缩小。

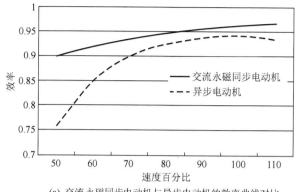

(a) 交流永磁同步电动机与异步电动机的效率曲线对比

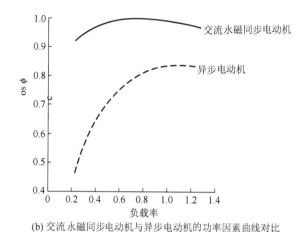

(b) 交流永磁同步电动机与异步电动机的功率因素曲线对比

图 5-10　交流永磁同步电动机与异步电动机效率、功率因素曲线对比

4. 启动电流小、转矩大

低频启动时，异步电动机中主磁场低，功率因数低，启动电流虽然很大，启动转矩却很小；而交流永磁同步电动机的主磁场恒定，定子电流几乎全部为有功电流，启动电流小，启动转矩大。

5.2.2　交流永磁同步电动机的种类及其结构

交流永磁同步电动机是由绕线式同步电动机发展而来的，它用永磁体代替电励磁，从而省去了励磁线圈、滑环和电刷，其定子结构与绕线式同步电动机基本相同。交流永磁同步电动机的结构原理如图 5-11 所示。

交流永磁同步电动机定子的结构形式与感应电动机一样，由导磁的定子铁芯和导电的三相绕组以及固定铁芯用的机座和端盖等部件组成。转子是用永磁材料制成的，采用适当的几何结构，使磁势波形接近空间分布正弦波。当定子通以相位相差 120° 的三相正弦交流电时，定子产生空间匀速旋转的磁场，磁场旋转的速度与定子正弦波频率有关，定子将接收的电能转换为旋转的磁场。定子磁场与转子磁场相互作用产生推动转矩，使转子旋转，完成电能到机械能的转化。

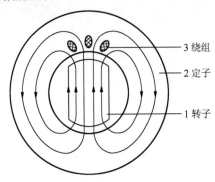

图 5-11　交流永磁同步电动机结构原理图

交流永磁同步电动机按转子结构可分为面装式和插入式两种。

1. 面装式转子结构

面装式转子结构如图 5-12 所示。L_g 为永磁体表面到定子表面的距离，L_m 为永磁体的厚度，L_{mg} 为等效气隙长，永磁材料的磁导率与空气近乎相等，面装式转子结构可以认为是均匀的。

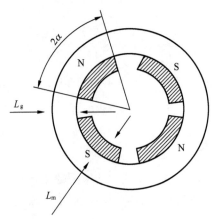

图 5-12　面装式转子结构图

$$L_{mg} = \frac{L_m}{\mu_r} + L_g \tag{5-20}$$

其中，μ_r 为相对磁导率。

由于面装式永磁同步电动机的交直轴对称，所以有

$$L_{md} = L_{mq} + L_m \tag{5-21}$$

其中，L_{md} 和 L_{mq} 是 d 轴的励磁电感，若忽视铁芯磁阻，则有

$$L_m = \frac{6N_s^2 L_r r_s}{\pi} \tag{5-22}$$

其中，N_s 为定子绕组匝数，L_r 为转子铁芯有效长度，r_g 为气隙半径。

$$\psi_{\mathrm{f}} = \frac{12}{\pi}\sqrt{\frac{2}{3}} B_{\mathrm{r}} L_{\mathrm{r}} r_{\mathrm{g}} \frac{L_{\mathrm{m}} N_{\mathrm{s}}}{\mu_{\mathrm{r}} L_{\mathrm{mg}} n_{p}} \sin\alpha \tag{5-23}$$

其中，n_p 为极对数；B_{r} 为磁感应强度；ψ_{f} 永磁体基波场过 d 轴轴线磁链。

2. 插入式转子结构

插入式转子结构如图 5-13 所示。L_{g} 为永磁体表面到定子表面的距离，L_{m} 为永磁体的厚度，L_{mg} 为等效气隙长，插入式结构的交直轴磁路不同，永磁体全部埋置在转子铁芯内，在永磁体占据的区间，等效气隙长度为

$$L_{\mathrm{mg}} = \frac{L_{\mathrm{m}}}{\mu_{\mathrm{r}}} + L_{\mathrm{g}} \tag{5-24}$$

其中，L_{g} 为永磁体与定子内圆间的气隙长度，L_{g} 值很小。

$$L_{\mathrm{m}d} = \frac{24}{\pi^2}\mu_0 \frac{N_{\mathrm{s}}}{n_p^2} L_{\mathrm{r}} g_{\mathrm{r}}\left[\frac{1}{L_{\mathrm{g}}}\left(\frac{\pi}{4}-\frac{\alpha}{2}-\sin2\alpha\right)+\frac{1}{L_{\mathrm{mg}}}\left(\frac{\alpha}{2}+\frac{1}{4}\sin2\alpha\right)\right] \tag{5-25}$$

$$L_{\mathrm{m}q} = \frac{24}{\pi^2}\mu_0 \frac{N_{\mathrm{s}}}{n_p^2} L_{\mathrm{r}} g_{\mathrm{r}}\left[\frac{1}{L_{\mathrm{mg}}}\left(\frac{\pi}{4}-\frac{\alpha}{2}-\sin2\alpha\right)+\frac{1}{L_{\mathrm{g}}}\left(\frac{\alpha}{2}-\frac{\alpha}{2}+\frac{1}{4}\sin2\alpha\right)\right] \tag{5-26}$$

$$\psi_{\mathrm{f}} = \frac{12}{\pi}\sqrt{\frac{2}{3}} B_{\mathrm{r}} L_{\mathrm{r}} r_{\mathrm{g}} \frac{L_{\mathrm{m}} N_{\mathrm{s}}}{\mu_{\mathrm{r}} L_{\mathrm{mg}} n_{p}} \sin\alpha \tag{5-27}$$

其中，μ_0 为真空中的磁导率，对于插入式永磁同步电动机，$L_{\mathrm{m}d} < L_{\mathrm{m}q}$。

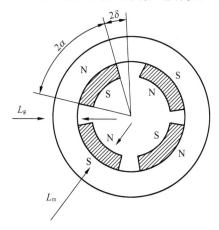

图 5-13　插入式转子结构图

5.2.3　交流永磁同步电动机的基本方程

被控制对象数学模型的精确程度是控制系统成功的关键，数学模型应准确反映被控系统的静态和动态特性。

电动机的运动方程为

$$J\frac{\mathrm{d}\omega}{\mathrm{d}t} = M - M_1 \tag{5-28}$$

其中，M 为输出转矩（N·m），J 为转动惯量（kg·m²）。已知，速度的动态特性在负载转矩 M_1 一定时，取决于转矩 M 的特性。电动机的转矩是由磁场和电流共同决定的，因此，对电动机转矩的控制实际是对磁场和电流的控制。

假定：忽略铁芯饱和；不记涡流和磁滞消耗；永磁材料的导电率为 0；三相绕组对称、均匀；绕组中感应电感波形是正弦波，可得交流永磁同步电动机的等效结构坐标图如图 5-14 所示，OA、OB、OC 为三相定子绕组轴线。转子轴线与定子 A 相绕组轴线夹角角度 θ。

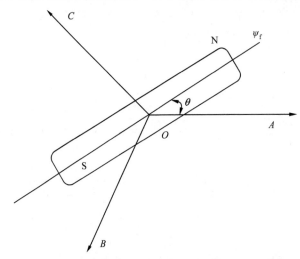

图 5-14　交流永磁同步电动机的等效结构坐标图

交流永磁电动机的物理方程为

$$\begin{bmatrix} \mu_A \\ \mu_B \\ \mu_C \end{bmatrix} = \begin{bmatrix} R_A & 0 & 0 \\ 0 & R_B & 0 \\ 0 & 0 & R_C \end{bmatrix} \begin{bmatrix} i_A \\ i_B \\ i_C \end{bmatrix} + \frac{\mathrm{d}}{\mathrm{d}t} \begin{bmatrix} \psi_A \\ \psi_B \\ \psi_C \end{bmatrix} \tag{5-29}$$

$$\begin{bmatrix} \psi_A \\ \psi_B \\ \psi_C \end{bmatrix} = \begin{bmatrix} \cos 0° & \cos 120° & \cos 240° \\ \cos 240° & \cos 0° & \cos 120° \\ \cos 120° & \cos 120° & \cos 0° \end{bmatrix} \begin{bmatrix} i_A \\ i_B \\ i_C \end{bmatrix} + \begin{bmatrix} \cos \theta \\ \cos(\theta - 120°) \\ \cos(\theta - 240°) \end{bmatrix} \psi_f \tag{5-30}$$

其中，μ_A、μ_B、μ_C 是三相定子绕组的电压；i_A、i_B、i_C 是三相定子绕组的电流；ψ_A、ψ_B、ψ_C 是三相定子绕组的磁链；R_A、R_B、R_C 是三相定子绕组的电阻，约定 $R_A = R_B = R_C = R$；ψ_f 是转子磁场的等效磁链。

电动机转矩方程为

$$T_e = n_p \begin{bmatrix} i_A \\ i_B \\ i_C \end{bmatrix} \frac{\mathrm{d}}{\mathrm{d}\theta} \begin{bmatrix} \cos \theta \\ \cos(\theta - 120°) \\ \cos(\theta - 240°) \end{bmatrix} \psi_f \tag{5-31}$$

其中，n_p 为交流永磁同步电动机的极对数。由电动机转矩方程可知，该电动机为多变量耦合、非线性时变系统。

两相相位正交对称，绕组通以两相相位相差为 90° 的交流电时，也能产生旋转磁场，因此从产生旋转这一物理意义上讲，两相系统和三相系统是等效的。在交流永磁同步电动机中，如图 5-15 所示建立固定转子的参考坐标，去磁极轴线为 d 轴，顺着旋转方向超前 90° 电角度为 q 轴，以 A 相绕组轴线成参考轴，d 轴与参考轴之间的电角度为 θ。

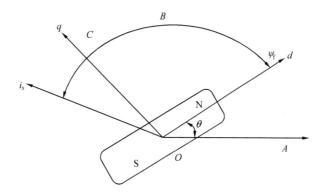

图 5-15　dq 旋转坐标图

1. 坐标或矢量交换

dq 旋转坐标

$$\begin{bmatrix} i_d \\ i_q \\ i_o \end{bmatrix} = \sqrt{\frac{2}{3}} \begin{bmatrix} \cos\theta & \cos\left(\theta - \dfrac{2\pi}{3}\right) & \cos\left(\theta + \dfrac{2\pi}{3}\right) \\ -\sin\theta & -\sin\left(\theta - \dfrac{2\pi}{3}\right) & -\sin\left(\theta + \dfrac{2\pi}{3}\right) \\ \sqrt{\dfrac{1}{2}} & \sqrt{\dfrac{1}{2}} & \sqrt{\dfrac{1}{2}} \end{bmatrix} \begin{bmatrix} i_A \\ i_B \\ i_C \end{bmatrix} \tag{5-32}$$

$$\begin{bmatrix} i_A \\ i_B \\ i_C \end{bmatrix} = \sqrt{\frac{2}{3}} \begin{bmatrix} \cos\theta & -\sin\theta & \sqrt{\dfrac{1}{2}} \\ \cos\left(\theta - \dfrac{2\pi}{3}\right) & -\sin\left(\theta - \dfrac{2\pi}{3}\right) & \sqrt{\dfrac{1}{2}} \\ \cos\left(\theta + \dfrac{2\pi}{3}\right) & -\sin\left(\theta + \dfrac{2\pi}{3}\right) & \sqrt{\dfrac{1}{2}} \end{bmatrix} \begin{bmatrix} i_d \\ i_q \\ i_o \end{bmatrix} \tag{5-33}$$

2. 转矩方程

在 dq 选择坐标系中，由于以下等式成立：

$$\boldsymbol{\psi}_s = \psi_d + \mathrm{j}\psi_q$$
$$\boldsymbol{i}_s = i_d + \mathrm{j}i_q$$
$$T_e = P_n(\psi_d i_q - \psi_q i_d)$$
$$\psi_q = L_q i_q; \ \psi_d = L_d i_q + \psi_f$$
$$T_e = P_n[\psi_f i_q + (L_d - L_q)i_d i_q]$$
$$i_d = \boldsymbol{i}_s \cos\beta; \ i_q = \boldsymbol{i}_s \sin_\beta$$

所以

$$T_e = P_n \left[\psi_f \boldsymbol{i}_s \sin \beta + \frac{1}{2} (L_d - L_q) \boldsymbol{i}_s^2 \sin 2\beta \right] \qquad (5\text{-}34)$$

括号内第一项是由定子电流与永磁体励磁磁场相互作用产生的电磁转矩，称为励磁转矩。定子电流空间矢量 $\boldsymbol{i}_s$ 与定子磁动势空间矢量 $\boldsymbol{\psi}_s$ 同轴，β 角是定子三相基波磁轴线间的空间电角度，β 角定义为转矩角，$\frac{1}{2}(L_d - L_q)\boldsymbol{i}_s^2 \sin 2\beta$ 是转子凸极效应引起的，称为磁阻转矩。

对于插入式的转子结构，$L_d < L_q$。

对于面装式的转子结构，$L_d = L_q$，不存在磁阻转矩，因此，

$$T_e = P_n \psi_f \boldsymbol{i}_s \sin \beta = P_n \psi_f i_d \qquad (5\text{-}35)$$

此方程为线性连续方程。

5.2.4 交流永磁同步电动机参数和等效电路

交流永磁同步电动机的电感参数方程为

$$L_d = L_{s\sigma} + L_{mq}, L_d = L_{s\sigma} + L_{md}$$

其中，$L_{s\sigma}$ 是 dq 轴线圈的漏感。

对面装式交流永磁同步电动机，在 dq 轴系中，

$$\mu_q = r_s i_q + p L_q i_d + \omega_s L_{md} i_f \qquad (5\text{-}36)$$
$$\mu_d = R_s i_d + p(L_d i_d + L_{md} i_f) - \omega_s L_q i_q \qquad (5\text{-}37)$$

其中，i_f 为归算后的等效励磁电流，$i_f = \psi_f / L_{md}$，永磁同步电动机的等效电路如图 5-16 所示。

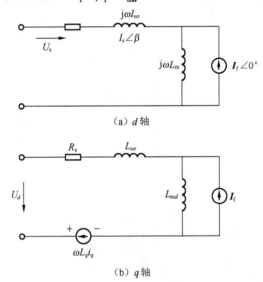

（a）d 轴

（b）q 轴

图 5-16 永磁同步电动机 dq 轴表示的电压等效电路图

面装式交流永磁同步电动机，L_d、L_q、L_m 相等，经变频器输入电动机的电压和电流基波分量构成三相对称系统。稳态情况下，可用时间相量来描述各相变量。这里用正弦电流源取代励磁电流，$\boldsymbol{I}_f = \sqrt{3} i_f$，以 d 轴为时间参考轴，$\boldsymbol{I}_s$ 为参考量，记为 $\boldsymbol{I}_f \angle 0°$，可

得电流为电流源的电压等效电路如图 5-17 所示。

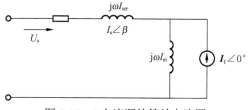

图 5-17 I_f 电流源的等效电路图

定子电流 I_s 相对于 I_f 的相位角为 β，β 是 I_s 与 I_f（d 轴）间的空间的角度，也是三相基波合成旋转磁动势波的轴线与用磁体基波励磁磁场轴线（d）间的位置夹角，$I_s\angle\beta$ 是控制量，β 为转矩角。

用正弦电动势源 E_o 取代电流源 I_f，可得电压等效电路如图 5-18 所示。

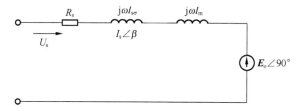

图 5-18 用正弦电动势表示的电压等效电路

$$E_o = \frac{4\sqrt{2}}{\pi}\omega B_g l_g r_g \frac{l_m}{l_{mg}} \frac{N_s}{l_{mg}} \sin\alpha$$

$$P_e = 3\omega l_m I_s I_f \sin\beta$$

$$T_e = 3\omega l_m I_f \sin\beta$$

其中，l_m 为轴线圈的漏感；P_e 为电磁功率；T_e 为电磁转矩。

$$L_q = L_{s\sigma} + L_{mq}$$

$$L_d = L_{s\sigma} + L_{md}$$

$$\psi_q = L_{s\sigma} + L_m q i_q$$

$$\psi_d = L_{s\sigma} + L_{md} + L_{md}i_f$$

由式（5-36）与式（5-37）得

$$\mu_q = R_s i_q + n_p L_q i_q + \omega_s L_d i_d + \omega_s \psi_f, \quad \mu_d = R_s i_d + n_p(L_d i_d + \psi_f) - \omega_s L_q i_q$$

其中，R_s 为定子电阻；ω_s 为电角频率；ψ_f 为转子磁链；n_p 为极对数；$\psi_f = L_{md}i_f$。

以电压 u_q 为输入，转子速度为输出的交流永磁同步电动机系统框图如图 5-19 所示。

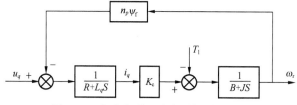

图 5-19 交流永磁同步电动机系统框图

以速度为控制对象的交流永磁同步电动机驱动系统框图如图 5-20 所示。

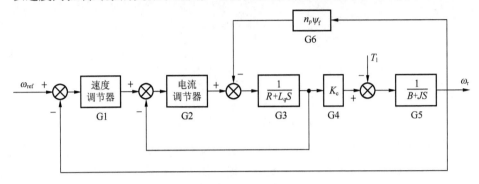

图 5-20　交流永磁同步电动机驱动系统框图

5.2.5　模糊 PID 控制的设计实现

在永磁同步电动机控制过程中，被控参数具有时变非线性、不确定因素等因素，以至于难以建立其精确的数学模型，用传统的 PID 控制器难以取得满意的控制效果。为了提高系统的自适应能力和抗干扰能力，需要将模糊 PID 控制器并联进去，共同控制被控对象。

如图 5-21 所示，将模糊 PID 控制器应用于交流永磁同步电动机调速系统中，用来代替速度环的 PI 控制器。

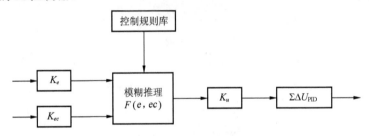

图 5-21　模糊 PID 结构图

选择误差 e、误差变化 Δe 为输入变量，相应的模糊变量为 e 和 ec。设误差 e 和误差变化 ec 的模糊论域为 X_1、X_2，输出变量 $\Delta U_{PID}(U_{PID})$ 的模糊论域为 V，为了便于控制规则的生成，将 X_1 和 X_2 离散化为 $\{e\}=\{ec\}=\{VB，B，MB，SB，S，VS，Z\}$，$V$ 离散化为 $\{U\}=\{VB，B，MB，SB，S，VS，Z\}$。

模糊控制规则库如表 5-1 所示。

表 5-1　模糊控制规则库

ec ＼ e	VB	B	MB	SB	S	VS	Z
VB	VB	VB	VB	B	SB	S	Z
B	VB	VB	B	B	MB	S	VS

续表

ec \ e	VB	B	MB	SB	S	VS	Z
MB	VB	MB	B	VB	VS	S	VS
SB	S	SB	MB	Z	MB	SB	S
S	VS	S	VB	VB	B	MB	VB
VS	VS	S	MB	B	B	VB	VB
Z	Z	S	SB	B	VB	VB	VB

模糊 PID 控制输出 ΔU_{PID} 和 U_{PID} 计算算法如图 5-22 所示。

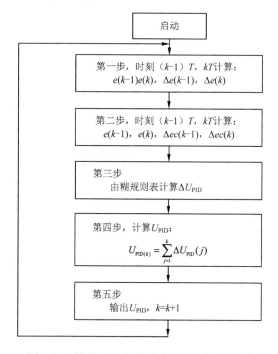

图 5-22　模糊 PID 制器输出 ΔU_{PID} 和 U_{PID} 法

为验证系统的可靠性，选用 2.2kW、1500r/min、额定转矩为 6N·m 永磁同步电动机进行 MATLAB 仿真，其参数如下：定子电阻 R_t=2.875Ω；定子电感 L_d=8.5e^{-3}H；转子电感 L_q=8.5e^{-3}H；转动惯量 J=0.8e^{-3}kg·m^2；磁通量 $\varphi_t = 0.175$Wb；电极极对数 $n_p = 4$；PI 调节参数 K_p=50，K_i=2.6。

常规 PID 控制系统如图 5-23 所示，模糊 PID 控制系统如图 5-24 所示。

系统仿真试验共分两种情况：一种是空载情况；一种是阶跃响应。在图 5-25 中，传统 PID 需要 2.5s 才达到稳定，所耗的时间较长，而模糊 PID 则需要 0.8s 左右就可达到稳定。

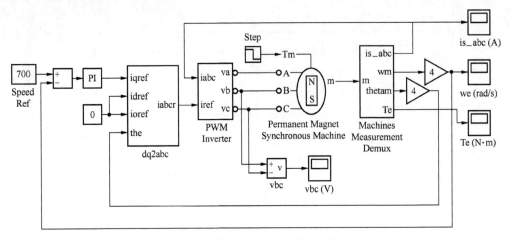

图 5-23　常规 PID 控制系统方框图

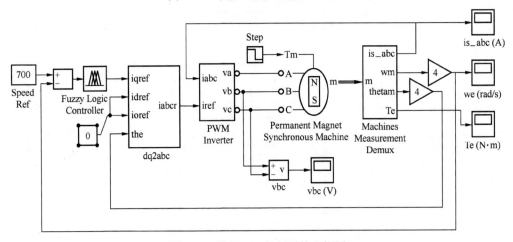

图 5-24　模糊 PID 控制系统方框图

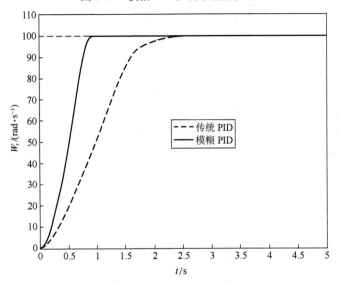

图 5-25　空载情况下两种 PID 控制的仿真曲线

从图 5-26 可以清晰地看出，在阶跃信号的输入下，采用传统 PID 控制法，其仿真曲线有较大的振荡，经历了比模糊 PID 更长的时间后系统才逐渐稳定。而在模糊 PID 控制下，过渡时间较短且超调量小，控制效果比较理想。

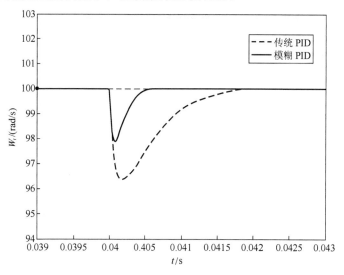

图 5-26　阶跃响应下两种 PID 控制的仿真曲线

5.3　SOM 神经网络在压缩机故障类别中的应用

5.3.1　压缩机故障概述

压缩机在工业中被广泛应用，以空气压缩机为例，它是气源装置中的主体，是将原动机（通常是电动机）的机械能转换成气体压力能的装置，是石油、矿山、电力等重要生产部门中的关键生产工具，往往一个零件出现故障，整个设备都不能工作，对整个生产造成很大的影响。如何做到在压缩机运行时，随时掌握机器的运行情况，判定系统故障的部位、起因、严重程度，并提出相应的解决方案，尤其是变频器控制压缩机时，需要根据压缩机整个装置故障的严重程度，适时进行报警降速，甚至故障停止。神经网络具有并行分布式处理、联想记忆、自组织和自学习能力以及极强的非线性映射特性，能对复杂的信息进行识别处理并给予准确的分类，这里主要介绍如何通过神经网络理论对压缩机进行故障诊断，同时通过变频器迅速做出故障响应。

5.3.2　SOM 神经网络诊断方法

1. SOM 神经网络结构

SOM 人工神经网络是一个可以在一维或二维的处理单元阵列上形成输入信号的特征拓扑分布，结构如图 5-27 所示，该网络模拟了人类大脑神经网络自组织特征映射的功能。该网络由输入层和输出层组成，其中，输入层的神经元个数的选取由输入网络的向量个数而定，输入神经元为一维矩阵，接收网络的输入信号，输出层则是由神经元按一定方式排列成的一个二维节点矩阵。输入层的神经元与输出层的神经元通过权值相互连接在一起。当网络接收到外部的输入信号以后，输出层的某个神经元便会兴奋起来。

SOM 网络模型由以下 4 部分组成：

1）处理单元阵列。用于接收事件的输入，并且形成对这些信号的判别函数。

2）比较选择机制。用于比较判别函数，并选择一个具有最大函数输出值的处理单元。

3）局部互联作用。用于同时激励被选择的处理单元及其最邻近的处理单元。

4）自适应过程。用于修正被激励的处理单元的参数，以增加其对应于特定输入判别函数的输出值。

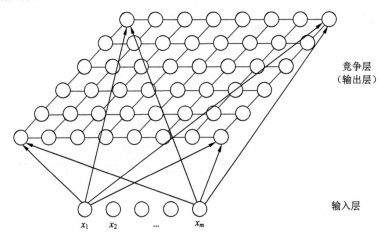

图 5-27　二维阵列 SOM 神经网络模型

2. SOM 网络的训练方法

SOM 神经网络采用的算法称为 Kohonen 算法，它的基本思想是：网络输出层的各神经元通过竞争获得对输入层的响应机会，最后只有一个神经元获胜。获胜的神经元对其临近的神经元的影响由近及远，由兴奋逐渐转为抑制，那些与获胜神经元有关的各连接权值朝着有利于它竞争的方向转变。

SOM 网络的算法如下。

（1）初始化

对输出层各权向量赋予较小的随机数并进行归一化处理，得到 $\hat{w}_j(j=1,2,\cdots,m)$，建立初始优胜邻域 $N_j^*(0)$ 和学习率 η 初值。m 为输出层神经元数目。

（2）接受输入

从训练集中随机取一输入模式并进行归一化处理，得到 $\hat{X}^p(p=1,2,\cdots,n)$，$n$ 为输入层神经元数目。

（3）寻找获胜节点

计算 $\hat{X}^p$ 和的 $\hat{w}_j$ 点积，从中找到点积最大的获胜节点 j^*。如果输入模式未经归一化，应按式（5-38）计算欧式距离，从中找出距离最小的获胜节点。

$$d_j =\parallel X - \hat{w}_j \parallel= \sqrt{\sum_{j=1}^{m}[X - \hat{w}_j]^2} \tag{5-38}$$

（4）定义优胜邻域 $N_j^*(t)$

设 j^* 为确定中心时 t 时刻的权值调整域，一般初始邻域 $N_j^*(0)$ 较大，训练过程中 $N_j^*(t)$ 随训练时间收缩。如图 5-28 所示为邻域示意图，8 个邻点的称为摩尔型邻域，6 个邻点的称为六角形网格。随着 t 的增大，邻域逐渐缩小。

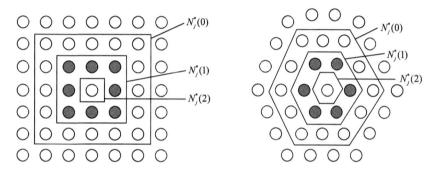

图 5-28　邻域示意图

（5）调整权值

对优胜邻域 $N_j^*(t)$ 内的所有节点调整权值

$$w_{ij}(t+1) = w_{ij}(t) + \alpha(t,N)[x_i^p - w_{ij}(t)]; i = 1,2,\cdots,n; j \in N_j^*(t) \tag{5-39}$$

其中，$w_{ij}(t)$ 为神经元 i 在 j 时刻的权值；$\alpha(t,N)$ 为训练时间和邻域内第 j 个神经元与获胜神经元 j^* 之间的拓扑距离 N 的函数。

随着时间（离散的训练迭代次数）变长，学习率逐渐降低；随着拓扑距离的增大，学习率降低。如图 5-29 所示为符合要求的学习率函数图像。

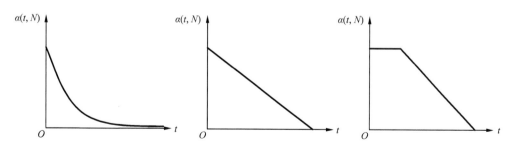

图 5-29　学习率函数图像

（6）结束判定

当学习率 $\alpha(t) \leqslant \alpha_{\min}$ 时，结束训练；不满足结束条件时，转到步骤（2）继续。图 5-30 就是根据以上步骤画出的 SOM 网络训练流程图。

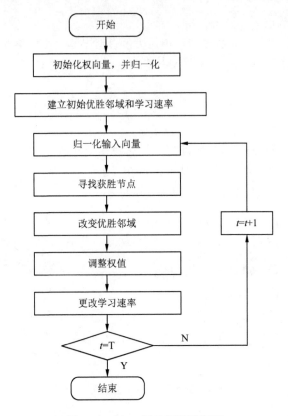

图 5-30　SOM 网络训练流程图

SOM 训练流程可以用图形的方式描述，如图 5-31 所示，即选定训练数据（实心圆圈）和神经元权重初始值（梅花），通过迭代训练之后，神经元权重趋向于聚类中心；给定数据点（空白圆圈），基于 SOM 策略，用内积直接算出和哪个神经元最相似就分到对应的那个类。

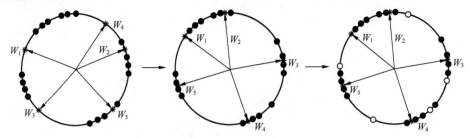

图 5-31　SOM 网络训练示意

3. SOM 网络可视化

在压缩机故障中，应用可视化技术可以简洁明了地观察到故障的类别。对于 SOM 网络的训练结果而言，目前较多的是利用 U 矩阵法（unified matrix，简称 U-Matrix）来显示聚类训练结果，即 U 矩阵图。SOM 网络竞争层的每个神经元都拥有一个二维坐标，分别计算每个神经元与相邻神经元权值向量之间的距离，并取这些距离值的平均值作为该神经元的第三维坐标值，即神经元的高度。

假设 SOM 网络的输入层为 n 维，竞争层的结构为 $n_x \times n_y$，每个神经元的坐标为 $b(x,y)$，其权值为 $w_i(x,y)$。

神经元 (x,y) 与其相邻神经元 $(x+1,y)$ 的距离为

$$d_x(x,y) = \| b(x,y) - b(x+1,y) \| = \sqrt{\sum_i [w_i(x,y) - w_i(x+1,y)]^2} \qquad (5\text{-}40)$$

神经元 (x,y) 与其相邻神经元 $(x,y+1)$ 的距离为

$$d_y(x,y) = \| b(x,y) - b(x,y+1) \| = \sqrt{\sum_i [w_i(x,y) - w_i(x,y+1)]^2} \qquad (5\text{-}41)$$

神经元 (x,y) 与其相邻神经元 $(x+1,y+1)$ 的距离为

$$d_{xy}(x,y) = \frac{1}{2} \left[\frac{\| b(x,y) - b(x+1,y+1) \|}{\sqrt{2}} + \frac{\| b(x,y+1) - b(x+1,y) \|}{\sqrt{2}} \right] \qquad (5\text{-}42)$$

该 U 矩阵结构有 $(2n_x - 1) \times (2n_y - 1)$ 个节点，其中神经元高度值用灰度表示，在二维平面上显示自组织网络训练结果，即可得到 U 矩阵图。

5.3.3 压缩机故障诊断

1. 压缩机故障诊断的步骤

对旋转机械进行故障诊断的步骤如下：

1）选取具有典型特征的故障样本。

2）对具有典型特征的故障样本进行学习，学习完成后，对输出的获胜神经元标上该故障的记号。

3）把需要检测的样本输入到 SOM 网络中进行学习。

4）把待检测样本输出神经元的位置和标准输出的位置进行比较，和哪种故障样本的输出位置相同，说明待检测样本就是哪种故障。如果和几种输出的位置都比较接近，说明这几种故障都有可能发生，主要看待检测样本输出的位置和哪种标准输出的位置之间的欧式距离最近。

故障诊断是通过提取压缩机设备状态的特征向量，在向量空间内，对故障类型进行分类，这里以往复式压缩机 2D12 型号为例进行实验取样。

2. 振动分类

在往复式压缩机的工作过程中，相对运动的部件较多，而各个部件的振动是对其内部激励力和故障的响应。在运行过程中，不仅故障会导致压缩机产生异常振动，而且压缩机的许多部件的正常运动也会造成往复式压缩机的振动。长久、强烈的振动必将引起压缩机部件的磨损、松动，部件之间的间隙增大、零部件过热，进而有可能导致故障的发生。

（1）活塞的往复惯性力

活塞往复运动时产生的往复惯性力，方向与活塞—连杆机构的运动方向一致。往复

惯性力往往会随曲柄转角按一定周期变化，造成压缩机机体本身和基础的振动。

（2）旋转部件的离心惯性力

具有不平衡旋转质量的曲柄和连杆等旋转部件运动时，将产生离心惯性力，该部分离心惯性力在压缩机的纵向和横向都有分力，对这两个方向的振动都会产生激励作用，其频率为旋转部件的旋转角速度。离心惯性力对振动的影响是由旋转部件存在的少量不平衡量决定的。

（3）压缩机的耦合振动

耦合振动主要是因为压缩机和基础之间的连接问题引起的，它是压缩机横向振动的起因。

（4）压缩机各部件运动时的力矩

活塞等运动部件的惯性力（包括一级往复惯性力和二级往复惯性力）、气体压力产生转动力矩以及曲柄销作用在曲柄轴上的力矩，反作用在压缩机机体上，都将产生振动。

（5）引起振动的其他原因

1）压缩机运行时内部产生的冲击振声源。由各零部件的缺陷（如疲劳点蚀、机械损伤等）和运动件之间相互摩擦及碰撞所引起的高频冲击等组成。

2）进气阀门、出气阀门机构的运动冲击也将作为一种激励源，使压缩机机体产生振动。

3）气阀泄漏、部件连接松动、部件过度磨损等，都能在相应部位导致振动幅度的变化，并通过振动信号的特征量反映出来。

这里选取最为典型且容易检测的气缸振动和电动机轴承座振动两个信号，可以采用如图 5-32 所示的振动变送器。

图 5-32　振动变送器

3. 漏气分类

漏气是压缩机的常见故障之一，压缩机的气体泄漏有外泄漏和内泄漏之分。外泄漏是指气体直接漏入大气或管道中，气体有损失，使排气量减少；内泄漏是由压力较高的气腔向压力较低的气腔泄漏，然后仍排入排气管，内泄漏并不减少排气量。外泄漏和内泄漏都将影响到压缩机的排气量和压力，是必须解决的问题。对于往复压缩机来说，产生气体泄漏的原因主要有 3 种。

1）填料函的泄漏：由于填料函的老化、破损等原因，导致压缩机工作时一部分被压缩气体漏到机外，直接影响到压缩机的排气量和输出压力，这种泄漏是外泄漏。

2）气阀的泄漏：气阀泄漏的原因主要是由阀片折断和弹簧失效造成的。当气阀出现阀片折断故障时，该气阀在压缩机的膨胀、吸气、压缩、排气的一个完整的工作循环过程中总有气流通过，从而造成全程性漏气。气阀出现弹簧失效时，将导致气阀开启和闭合的提前或滞后，也将造成阶段性漏气。进气阀不能及时关闭，或关闭不严密，将导致已吸入气缸的气体在活塞返程时向进气管回流，因而减少了输出到排气管的排气量，气阀的泄漏对于压缩机而言属于外泄漏。

3）气缸内活塞环的泄漏：如果压缩机的进气压力高于环境压力，则压缩机的进气、压缩、排气过程都有气体向外泄漏，可称为全循环外泄漏；如果气缸的进气压力等于环境压力，则进气过程没有外泄漏，基本上可以视作半循环外泄漏。

气缸压力的变化可直接反映热力故障的原因，是较理想的诊断信号，压缩机的工作状态及故障大多可以通过气缸压力随时间的变化曲线反映出来。但在实际工作中，气缸压力的直接检测并不容易实现。由于气缸结构没有工艺测压口，而要在生产现场开测压口，则要保证设备的安全性和密封性需要较高技术，正是这些因素限制了气缸压力信号在故障诊断中的广泛应用。

在实际的故障测试过程中，对一级、二级的进气阀、排气阀进行检测，从气阀传出的噪声，一部分由阀片与阀挡或阀座的撞击产生，另一部分则由气流直接激发产生。前者的撞击噪声频带分布范围极宽，而后者的流体发声的频带分布在较低的频率范围内。因此，需要对后者进行频率信号提取，以获得吸气和排气工艺过程中实际的气流情况。

4. 温度信号

温度信号包括吸气腔温度、排气腔温度、缸内气体温度、阀体温度和气缸缸体温度等。上述温度信号中，阀体温度和缸体温度对故障的反应惯性大，变化缓慢。在压缩机稳定工作达到相对的热平衡后，吸气腔、排气腔气体温度变化不大，容易测量，而且对故障的反映较为敏感。气缸内气体温度变化快，对仪器灵敏度要求高，测点须布置在气缸内部，因此实现困难。这里选用排气温度、缸体温度和阀体温度作为故障诊断信号源。

除此之外，还有一个润滑油油温过高的问题。油温过高是压缩机润滑系统中最常见的故障，随着油温的升高，其对空压机机组的危害也会增大。在正常的工作情况下，空压机润滑系统的油温一般不会高于 70℃。在工作过程中，如果供油不足，传动机构出现故障，或者冷却水系统不畅通等都会引起油温过高。润滑系统一旦出现油温过高的故障，将会极大地降低机油的黏度，从而使得机油的压力也随之降低。这样很容易导致润滑系统失效，从而造成烧瓦、拉缸等现象，进而加快了压缩机各运动部件的磨损。

5.3.4　采集数据样本与模拟

1. 系统结构

分别对压缩机需要测试的部位在未带负荷和带负荷状况下，用振动传感器、温度传感器和噪声传感器进行测试，经过数据采集系统和分析软件的处理，采集各种故障状态下的数据，形成标准样本数据和待检测数据，并将程序固化到变频器工艺板中，形成如图 5-33 所示的压缩机故障处理系统。

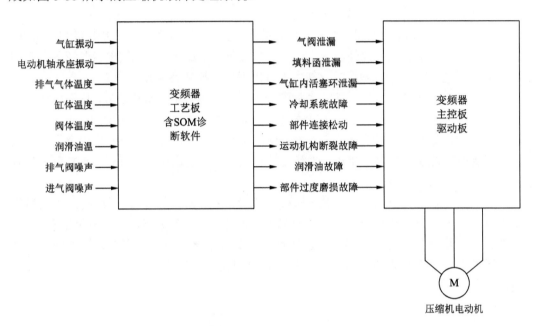

图 5-33　压缩机故障处理系统

对于气阀泄漏、填料函泄漏、气缸内活塞环泄漏、冷却系统故障出现时，压缩机将报警同时降速运行，以确定最基本的气源保证；但对于部件连接松动、运动机构断裂故障、润滑油故障、部件过度磨损故障出现时，压缩机将显示故障类别，并停机以确保事故不发生。

2. 采集数据样本仿真实验

设计压缩机故障 SOM 网络结构如下。

1）输入层：8 个节点（神经元）。

2）输出层：5×5=25 个节点（神经元）。

输出层神经元数量设定和训练集样本的类别数相关，但是实际中往往不能清楚地知道有多少类。如果神经元节点数少于类别数，则不足以区分全部模式，训练的结果势必将相近的模式类合并为一类；相反，如果神经元节点数多于类别数，则有可能分的过细，或者是出现"死节点",即在训练过程中,某个节点从未获胜过且远离其他获胜节点,因此它们的权值从未得到过更新。

不过一般来说,如果对类别数没有确定之前,可先设定较多的节点数,以便很好地映射样本的拓扑结构,如果分类过细则再酌情减少输出节点。"死节点"问题一般可通过重新初始化权值得到解决。在压缩机故障分类中选取 25 个节点。

表 5-2 所示为归一化之后的压缩机故障采集数据样本。

表 5-2 故障样本

故障类型	信号输入	气缸振动	电动机轴承座振动	排气气体温度	缸体温度	阀体温度	润滑油温	排气阀噪声	进气阀噪声
		FA1	FA2	FA3	FA4	FA5	FA6	FA7	FA8
F1	气阀泄漏	0.964	0.231	0.113	0.508	0.966	0.106	0.512	0.993
F2	填料函泄漏	0.5534	0.224	0.122	0.525	0.978	0.118	0.504	0.116
F3	气缸内活塞环泄漏	0.489	0.46	0.613	0.97	0.401	0.244	0.711	0.923
F4	冷却系统故障	0.5217	0.513	0.511	0.988	0.403	0.213	0.757	0.803
F5	部件连接松动	0.821	0.497	0.445	0.822	0.421	0.919	0.804	0.498
F6	运动机构断裂故障	0.4435	0.524	0.557	0.909	0.327	0.106	0.932	0.511
F7	润滑油故障	0.897	0.27	0.759	0.188	0.613	0.264	0.116	0.913
F8	部件过度磨损故障	0.214	0.725	0.408	0.111	0.702	0.201	0.181	0.7782

利用 MATLAB 神经网络工具箱对标准故障样本进行训练,具体实现代码如下:

```
%% 清空环境变量
clc
clear
%% 录入输入数据
% 载入数据
load fault;
%转置后符合神经网络的输入格式
FA=fault';
%% 网络建立和训练
% newsom 建立 SOM 网络,minmax（FA）取输入的最大最小值,竞争层为 5*5=25 个神经元
net=newsom(minmax(FA),[5 5]);
plotsom(net.layers{1}.positions)
% 5 次训练的步数
a=[5 20 40 80 150 200 300];
% 随机初始化一个 1*10 向量
yc=rands(7,8);
%% 进行训练
% 训练次数为 5 次
```

```
net.trainparam.epochs=a(1);
% 训练网络和查看分类
net=train(net,FA);
y=sim(net,FA);
yc(1,:)=vec2ind(y);
plotsom(net.IW{1,1},net.layers{1}.distances)
% 训练次数为20次
net.trainparam.epochs=a(2);
% 训练网络和查看分类
net=train(net,FA);
y=sim(net,FA);
yc(2,:)=vec2ind(y);
plotsom(net.IW{1,1},net.layers{1}.distances)
% 训练次数为40次
net.trainparam.epochs=a(3);
% 训练网络和查看分类
net=train(net,FA);
y=sim(net,FA);
yc(3,:)=vec2ind(y);
plotsom(net.IW{1,1},net.layers{1}.distances)
% 训练次数为80次
net.trainparam.epochs=a(4);
% 训练网络和查看分类
net=train(net,FA);
y=sim(net,FA);
yc(4,:)=vec2ind(y);
plotsom(net.IW{1,1},net.layers{1}.distances)
% 训练次数为150次
net.trainparam.epochs=a(5);
% 训练网络和查看分类
net=train(net,FA);
y=sim(net,FA);
yc(5,:)=vec2ind(y);
plotsom(net.IW{1,1},net.layers{1}.distances)
% 训练次数为200次
net.trainparam.epochs=a(6);
% 训练网络和查看分类
net=train(net,FA);
y=sim(net,FA);
yc(6,:)=vec2ind(y);
plotsom(net.IW{1,1},net.layers{1}.distances)
% 训练次数为300次
```

```
net.trainparam.epochs=a(7);
% 训练网络和查看分类
net=train(net,FA);
y=sim(net,FA);
yc(7,:)=vec2ind(y);
plotsom(net.IW{1,1},net.layers{1}.distances)
yc
%% 网络作分类的预测
% 测试样本输入
t=[0.998 0.965 0.417 0.406 0.411 0.331 0.612 0.706]';
% sim( )来做网络仿真
r=sim(net,t);
% 变换函数，将单值向量转变成下标向量
rr=vec2ind(r)
```

通过图 5-34 所示的压缩机 SOM 神经网络学习后，聚类的结果如表 5-3 所示，当训练步数为 5 时，故障原因 1、8 分为一类，2、3、6 分为一类，4、7 分为一类，5 为单独一类。可见网络已经对样本进行了初步的分类，但这种分类不够精确。当训练步数为 40 时，每个样本都被划为一类，这种分类结果更加细化了，当训练步数为 80、150、200、300 时，同样是每个样本被划为一类，这时再提高步数已经没有意义了。

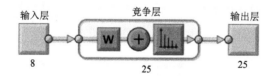

图 5-34　压缩机 SOM 神经网络学习结构图

表 5-3　聚类结果

训练步数	聚类结果							
5	20	21	21	5	25	21	5	20
20	21	10	10	1	21	10	1	20
40	5	16	2	11	20	21	11	10
80	10	16	1	25	5	21	24	4
150	11	24	17	5	1	20	8	21
200	11	3	13	24	1	5	20	21
300	10	23	25	1	4	21	11	14

网络拓扑结构如图 5-35 所示，临近神经元之间的距离情况如图 5-36 所示，其中，线段表示神经元之间的连接，每个菱形的颜色表示神经元距离的远近，颜色越深表示神经元之间的距离越远。

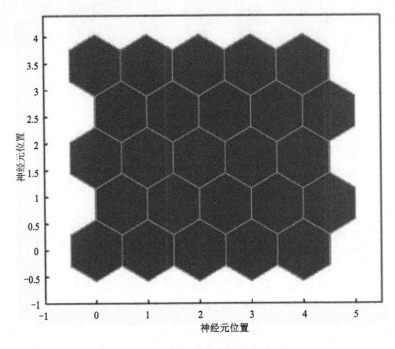

图 5-35　SOM 网络拓扑结构

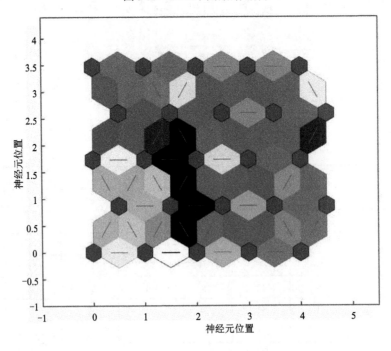

图 5-36　临近神经元之间的距离情况

训练后各种故障在竞争层中的分布如图 5-37 所示。F1～F8 共 8 种故障相对均匀地分布在输出层所在平面对应的神经元上。SOM 神经网络完成训练后，对每个输入都有特定的输出层神经元与之对应。这种输入输出的对应关系在输出的平面中表现得非常清楚。

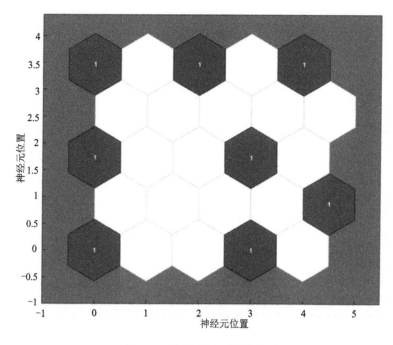

图 5-37　标准样本训练结果图

为了检验 SOM 神经网络对压缩机故障诊断的准确度，待检测样 t=[0.998 0.965 0.417 0.406 0.411 0.331 0.612 0.706]送入网络中进行训练，得出结果为 rr=4，即故障为 5，变频器进行停机，压缩机进行维护后发现确实为"部件连接松动"，与实际结果相符。

利用 SOM 神经网络对输入样本的"聚类"作用，实现了对故障样本的分类。由于输出层神经元对输入层神经元有特定的响应关系，这种响应关系很容易实现图形的可视化，从而使压缩机故障的分类更加直观。如果输出层神经元的选取不当，可能造成对模式相近的故障不能明显区分，这是由网络算法决定的，需要在实践中进行适当调整。

参 考 文 献

蔡喜翠，2007. 三容水箱液位控制系统的研究[D]. 哈尔滨：哈尔滨工业大学

陈凯，2016. 深度学习模型的高效训练算法研究[D]. 北京：中国科学技术大学.

陈平，等，2006. 一种基于模糊 PID 控制的锅炉汽包水位控制方法[J]. 福建工程学院学报，(4)：83-86.

陈翔，等，2008. 模糊 PID 控制的电动汽车再生制动系统变换器的研究[J]. 公路交通科技，(7)：141-145.

陈翔，宋庆阳，刘新成，2009. 改进的模糊 PID 控制器对 4 自由度主动悬架振动控制的研究[J]. 公路交通科技，(2)：129-133.

邓鹏毅，2005. 交流感应电动机 SVPWM 变频调速系统的研究[D]. 四川：电子科技大学.

樊泉桂，2008. 锅炉原理[M]. 北京：中国电力出版社.

管永刚，2000. 木浆蒸煮经验数学模型的建立[J]. 中国造纸，19(4)：53-55.

何晓群，刘文卿，2001. 应用回归分析[M]. 北京：中国人民大学出版社.

黄忠，等，2002. 螺杆式压缩机容积效率计算方法的探讨[J]. 重庆大学学报，(8)：118-119.

康明才，等，2006. 基于模糊 PID 阻抗控制的 TCSC 研究[J]. 电气应用，(7)：112-115.

孔令志，孔令慧，2003. 基于 GA 参数寻优的复合式 FUZZY-PID 控制[J]. 测试技术学报，(1)：79-83.

李方园，2006. 变频器行业应用实践[M]. 北京：中国电力出版社.

李方园，2009. 变频器应用与维护[M]. 北京：中国电力出版社.

李方园，2010. 变频器原理与维修[M]. 北京：机械工业出版社.

李方园，2012. 变频器应用简明教程[M]. 北京：机械工业出版社.

李方园，2012a. 零起点学西门子变频器应用[M]. 北京：机械工业出版社.

李方园，2012b. 图解变频器控制及应用[M]. 北京：中国电力出版社.

李方园，2012c. 图解西门子变频器入门到实践[M]. 北京：中国电力出版社.

李方园，2014. 变频器应用技术[M]. 2 版. 北京：科学出版社.

李方园，2014a. 图解变频器维修[M]. 北京：机械工业出版社.

李方园，2015. 变频器控制技术[M]. 2 版. 北京：电子工业出版社.

李方园，2015a. 变频器自动化工程实践[M]. 北京：电子工业出版社.

李方园，2017. 变频器技术及应用[M]. 北京：机械工业出版社.

李向阳，2001. 间歇蒸煮过程纸浆 Kappa 值软测量方法研究与应用[D]. 广州：华南理工大学.

李向阳，等，2000. 基于模型的模糊推理及其在制浆蒸煮软测量中的应用[J]. 化工自动化及仪表，27(5)：9-13.

李向阳，等，2001. 间歇蒸煮过程软测量中的数据预处理方法研究[J]. 造纸科学与技术，(1)：34-38.

李向阳，等，2001a. 自适应推理控制及在间歇制浆蒸煮过程中的应用[J]. 工业仪表与自动化装置，(3)：45-48.

李向阳，朱学峰，刘焕彬，2000. 硫酸盐蒸煮过程 Kappa 值软测量模型的研究与应用[J]. 广东造纸，10(5)：23-27.

李向阳，朱学峰，刘焕彬，2001. 间歇制浆蒸煮过程的混合建模方法研究[J]. 中国造纸学报，(6)：24-28.

李向阳，朱学峰，刘焕彬，2001a. 工业过程混合建模方法研究及应用[J]. 计算机工程与应用，(6)：17-19.

李艳，等，2001. 基于粗集理论和 RBF 神经网络的软测量技术研究[J]. 自动化学报，6：168-172.

廖强，徐宗俊，梁德沛，2002. 虚拟仪器技术在几何量检测系统中的应用[J]. 现代制造工程，(10)：75-76.

林专毅，1997. 引进芬兰 Tampela 单汽包碱回收炉的结构特点[J]. 中国造纸，(1)：33-34.

刘道莘，1994. 有关碱回收系统平衡的若干问题[J]. 中国造纸，(4)：23-25.

刘焕彬，2009. 纸浆性质软测量原理与技术[M]. 北京：中国轻工业出版社.

刘金昆，2003. 先进 PID 控制及其 MATLAB 仿真[M]. 北京：电子工业出版社.

刘念洲，刘成浩，2009. 基于 MATLAB 的三相电压型 PWM 整流系统仿真[J]. 船电技术. (2)：2-3.

刘义，2000. 影响麦草浆碱回收炉经济效益的因素及对策[J]. 中国造纸，(6)：37-39.

罗琪，刘焕彬，2000. 硫酸盐法间歇蒸煮过程的建模[J]. 华南理工大学学报（自然科学版），19(4)：53-55.

马科隆 E W，格雷斯 T M，1999. 最新碱法制浆技术[M]. 曹邦威，译. 北京：中国轻工业出版社.

潘永平，王钦若，严克剑，2007. 论域调整模糊 PID 液位控制系统的仿真研究[J]. 材料研究与应用，(1)：65-68.

佩德罗，多明戈斯，2017. 终极算法-机器学习和人工智能如何重塑世界[M]. 北京：中信出版社.

任子武，高俊山，2004. 基于神经网络的 PID 控制器[J]. 自动化技术与应用，(5)：16-19.

童春霞，张天桥，2005. 仿人智能 PID 控制器设计[J]. 计算机仿真，(1)：191-193.

王畅，2016. 新型大功率级联 H 桥多电平变换器[D]. 北京：中国矿业大学.

王万良，2005. 人工智能及其应用[M]. 北京：高等教育出版社.

王万良，2009. 自动控制原理（非自动化类）[M]. 北京：机械工业出版社

王忠厚，邢军，1995. 制浆造纸工艺[M]. 北京：中国轻工业出版社.

韦巍，2003. 智能控制技术[M]. 北京：机械工业出版社.

吴斌，2015. 大功率变频器及交流传动[M]. 北京：机械工业出版社.

吴小华，史忠科，2004. 三相 SPWM 逆变电源故障检测与诊断的仿真研究[J]. 系统仿真学报，(7)：6-7.

熊钰杉，徐群，2006. PID 和 Fuzzy 控制相结合的分段复合控制[J]. 计算机仿真，(6)：296-298.

许向阳，等，2000. 间歇蒸煮过程计算机优化控制系统[J]. 中国造纸学报，15：98-102.

杨金泉，2010. DCS 系统中卡伯值软测量模型修正方法讨论[J].天津造纸，(2):16-17.

于晓明，李茜，2002. 抄纸过程中水分软测量虚拟仪器的研究[J]. 西安科技学院学报，22(2)：208-210.

俞金寿，2002. 工业过程先进控制[M]. 北京：中国石化出版社.

张安龙，张嘉，刘正伟，2006. 麦草浆纸厂碱回收及治污的探讨[J]. 西南造纸，(06)：45-48.

张成，等，2013. SVPWM 与 SPWM 比较仿真[J]. 机械与电子，(1)：3-7.

张恩勤，施颂椒，等，2001. 模糊控制系统近年来的研究与发展[J]. 控制理论与应用，2(18)：1-11.

张健，2004. 提高制浆蒸煮过程纸浆 Kappa 值软测量精度的研究[D]. 广州：华南理工大学:41-58.

张健，等，2004. 基于支持向量机的蒸煮过程卡伯值软测量[J]. 计算机测量与控制，(12)：104-106.

张健，陈德强，2000. 制浆蒸煮过程终点预报系统的开发[J]. 广东造纸，(2)：5-7.

赵军朋，等，2002. 用于系统仿真的螺杆压缩机模型[J]. 压缩机技术，(1)：10—11.

郑翔，欧阳斌林，2008. 异步电动机的 SVPWM 控制及其仿真[J]. 东北农业大学学报，39(4)：63-66.

郑莹娜，刘强，等，2000. 过程软测量虚拟仪器系统集成[J]. 自动化仪表，21(5)：13-15.

周妮娜，等，2008. 模糊控制在锅炉除氧系统中的应用[J]. 计算机仿真，(3)：171-174.

朱学峰，2002. 软测量技术及其应用[J]. 华南理工大学学报（自然科学版），10(11)：61-67.

AGNEUS L, et al, 1992. Optimal process control with on-line Kappa number analysis[J]. Pulp and Paper Canada, 93：2.

DATTA A K, LEE J H, KRISHNAGOPALAN G A, 1999. Reducing batch-to-batch variability of pulp quality through model-based estimation[J]. Pulp Paper Canada, 98：119-122.

DATTA A K, LEE J H, VANCHINATHAN S, et al , 1994. Model-based monitoring and control of batch pulp digester[C]// American Control Conference. IEEE, 1：500-504.

HATTON J V, 1988.The potential of process control in kraft pulping of hardwoods[J]. Communications on Pure and Applied Mathematics, 41：909-996.

HE S Z, TAN S H, HANG C C, et al, 2002. Design of an online rule-adaptive fuzzy control system[C]// IEEE International Conference on Fuzzy Systems：83-91.

HSIAO C H, 1997. State analysis of linear time delayed systems via Haar wavelets[J]. Mathematics & Computers in Simulation, 44(5)：457-470.

HUANG D, WANG J, JIN Y, 1999. Application research of wavelet neural networks in process control[J]. Journal of Tsinghua University, 39(1)：41-58.

JURIČIČ D, 1991. Model based control of the kappa number in the pulp cooking process[C]// Electrotechnical Conference, Proceedings Mediterranean. IEEE, 2：836-839.

JURIČIČ D, 1994. Model-based computer control of Kappa number in magnefite pulp cooking[C]// Control Applications, Proceedings of the Third IEEE Conference on. IEEE, 2：775-780.

KIM H C, SHEN X, RAO M, et al，1993. Quality prediction by neural network for pulp and paper processes[C]// Electrical and Computer Engineering, Canadian Conference on IEEE, 1：104-107.

KOBAYASHI M, 2001. Wavelets and their applications in industry[J]. Nonlinear Analysis Theory Methods & Applications, 47(3)：1749-1760.

KUBULNIEKS E, et al, 1987．The STFI OPTI-Kappa analyzer—applications and accuracy[J]．Tappi Journal，38：11.

LINKENS D A，Nie J, 1993. Constructing rul-based for multivariable fuzzy control by self-learning. PartI: system structure and self-learning [J]. International Journal of System Science，24(1)：111-127.

MARJATTA O，1998．卡伯值与亮度的测量及其重要性[M]．刘新兵，译．中国造纸，(5)：12-14.

MATLAB 中文论坛，2009. MATLAB 神经网络 30 个案例分析[M]．北京：北京航空航天大学出版社.

MEYER Y, XU H, 1997. Wavelet Analysis and Chirps[J]. Applied & Computational Harmonic Analysis, 4(4)：366-379.

MUSAVI M T, DOMNISORU C, SMITH G, et al, 1999. A neuro-fuzzy system for prediction of pulp digester K-number[C]// International Joint Conference on Neural Networks. IEEE, 6：4253-4258.

PARK C W, KWON W H, 2004. Simple and robust speed sensorless vector control of induction motor using stator current based MRAC[J]. Electric Power Systems Research, 71(3)：257-266.

RAO M, CORBIN J, WANG Q, 1993. Soft sensors for quality prediction in batch chemical pulping processes[C]// IEEE International Symposium on Intelligent Control. IEEE：150-155.

RICHARD J, et al, 1998．Advanced sensors and control for the pulping and bleaching process[J]．Appita Journal，51(6)：412.

VELZQUEZ S C, PALOMARES R A, SEGURA A N, 2004. Speed estimation for an induction motor using the extended kalman filter[C]// International Conference on Electronics, Communications and Computers. IEEE Computer Society：63.

VROOM K E, 1957．The H factor: a means of expressing cooking times and temperatures as a single variable[J]．Pulp Paper Mag. Can, 58(C)：228

WEISBERG S，1988．应用线性回归模型[M]．王静龙，等，译．北京：中国统计出版社.

WISNEWSKI P A, DOYLE F J, 2001. Model-based predictive control studies for a continuous pulp digester[J]. IEEE Transactions on Control Systems Technology, 9(3)：435-444.

WU H G, LI J F, XING Z W, 2007. Theoretical and experimental research on the working process of screw refrigeration compressor under superfeed condition[J]. International Journal of Refrigeration, (30)：1329-1335.

ZHANG E Q, SHI S J, WENG Z X, 1999. Comparative study of fuzzy control and PID control methods [J]. Journal of Shanghai Jiaotong University，33(4)：501-503.

ZHONG B，XIAO Z, 2002. Application of compositive clustering analysis methods in data preprocessing[J]. Journal of Southwest China Normal University(Natural Science)，27(5)：658-663.